环境暴露与人群健康丛书

场地土壤和地下水环境健康风险防控技术及应用

李 辉 王文兵 相明辉 黄 渊 等 编著

U0230406

科 学 出 版 社

北 京

内 容 简 介

日趋严格的场地修复标准，对修复材料和技术装备提出了更高要求，而其中涉及的工程技术和理论对我国在场地环境健康风险防控及应用方面的科学研究、人才培养以及国民经济可持续发展具有重要的科学指导和实际应用价值。本书重点介绍场地健康风险防控现状与发展、场地健康风险调查技术、场地健康风险防控原位修复技术、场地健康风险防控异位修复技术、场地健康风险防控地球化学转化修复技术以及场地健康风险防控技术应用实例等。

本书可作为环境专业本科生、硕士和博士研究生教材，也可供场地修复人员及研究人员参考。

图书在版编目（CIP）数据

场地土壤和地下水环境健康风险防控技术及应用 / 李辉等编著. —北京：科学出版社，2023.9
　（环境暴露与人群健康丛书）
ISBN 978-7-03-076219-1

Ⅰ. ①场⋯　Ⅱ. ①李⋯　Ⅲ. ①场地-土壤污染-污染防治　②场地-地下水污染-污染防治　Ⅳ. ①X53 ②X523

中国国家版本馆 CIP 数据核字（2023）第 158230 号

责任编辑：杨　震　刘　冉 / 责任校对：杜子昂
责任印制：吴兆东 / 封面设计：北京图阅盛世

科学出版社 出版
北京东黄城根北街 16 号
邮政编码：100717
http://www.sciencep.com
北京中科印刷有限公司印刷
科学出版社发行　各地新华书店经销
*
2023 年 9 月第　一　版　开本：720×1000　1/16
2025 年 3 月第三次印刷　印张：12　插页：1
字数：240 000
定价：98.00 元
（如有印装质量问题，我社负责调换）

丛书编委会

顾　　问：魏复盛　陶　澍　赵进才　吴丰昌

总 主 编：于云江

编　　委：（以姓氏汉语拼音为序）

安太成　陈景文　董光辉　段小丽　郭　杰
郭　庶　李　辉　李桂英　李雪花　麦碧娴
向明灯　于云江　于志强　曾晓雯　张效伟
郑　晶

丛书秘书：李宗睿

丛 书 序

近几十年来，越来越多的证据表明环境暴露与人类多种不良健康结局之间存在关联。2021年《细胞》杂志发表的研究文章指出，环境污染可通过氧化应激和炎症、基因组改变和突变、表观遗传改变、线粒体功能障碍、内分泌紊乱、细胞间通信改变、微生物组群落改变和神经系统功能受损等多种途径影响人体健康。《柳叶刀》污染与健康委员会发表的研究报告显示，2019年全球约有900万人的过早死亡归因于污染，相当于全球死亡人数的1/6。根据世界银行和世界卫生组织有关统计数据，全球70%的疾病与环境污染因素有关，如心血管疾病、呼吸系统疾病、免疫系统疾病以及癌症等均已被证明与环境暴露密切相关。我国与环境污染相关的疾病近年来呈现上升态势。据全球疾病负担风险因素协作组统计，我国居民疾病负担20%由环境污染因素造成，高于全球平均水平。环境污染所导致的健康危害已经成为影响全球人类发展的重大问题。

欧美发达国家自20世纪60年代就成立了专门机构开展环境健康研究。2004年，欧洲委员会通过《欧洲环境与健康行动计划》，旨在加强成员国在环境健康领域的研究合作，推动环境风险因素与疾病的因果关系研究。美国国家研究理事会（NRC）于2007年发布《21世纪毒性测试：远景与策略》，通过科学导向，开展系统的毒性通路研究，揭示毒性作用模式。美国国家环境健康科学研究所（NIEHS）发布的《发展科学，改善健康：环境健康研究计划》重点关注暴露、暴露组学、表观遗传改变以及靶点与通路等问题；2007年我国卫生部、环保部等18个部委联合制订了《国家环境与健康行动计划》。2012年，环保部和卫生部联合开展"全国重点地区环境与健康专项调查"项目，针对环境污染、人群暴露特征、健康效应以及环境污染健康风险进行了摸底调查。2016年，党中央、国务院印发了《"健康中国2030"规划纲要》，我国的环境健康工作日益受到重视。

环境健康研究的目标是揭示环境因素影响人体健康的潜在规律，进而通过改善生态环境保障公众健康。研究领域主要包括环境暴露、污染物毒性、健康效应以及风险评估与管控等。在环境暴露评估方面，随着质谱等大型先进分析仪器的有效利用，对环境污染物的高通量筛查分析能力大幅提升，实现了多污染物环境暴露的综合分析，特别是近年来暴露组学技术的快速发展，对体内外暴露水平进行动态监测，揭示混合暴露的全生命周期健康效应。针对环境污染低剂量长期暴露开展暴露评估模型和精细化暴露评估也成为该领域的新的研究方向；在环境污染物毒理学方面，高通量、低成本、预测能力强的替代毒理学快速发展，采用低等动物、体外试验和非生物手段的毒性试验替代方法成为毒性测试的重要方面，解析污染物毒性作用通路，确定生物暴露标志物正成为该领域研究热点，通过这些研究可以大幅提高污染物毒性的筛查和识别能力；在环境健康效应方面，近年来基因组学、转录组学、代谢组学和表观遗传学等的快速发展为探索易感效应生物标志物提供了技术支撑，有助于理解污染物暴露导致健康效应的分子机制，探寻环境暴露与健康、疾病终点之间的生物学关联；在环境健康风险防控方面，针对不同暴露场景开展环境介质-暴露-人群的深入调查，实现暴露人群健康风险的精细化评估是近年来健康风险评估的重要研究方向；同时针对重点流域、重点区域、重点行业、重点污染物开展环境健康风险监测，采用风险分区分级等措施有效管控环境风险也成为风险管理技术的重要方面。

环境健康问题高度复杂，是多学科交叉的前沿研究领域。本丛书针对当前环境健康领域的热点问题，围绕方法学、重点污染物、主要暴露类型等进行了系统的梳理和总结。方法学方面，介绍了现代环境流行病学与环境健康暴露评价技术等传统方法的最新研究进展与实际应用，梳理了计算毒理学和毒理基因组学等新方法的理论及其在化学品毒性预测评估和化学物质暴露的潜在有害健康结局等方面的内容，针对有毒有害污染物，系统研究了毒性参数的遴选、收集、评价和整编的技术方法；重点污染物方面，介绍了大气颗粒物、挥发性有机污染物以及阻燃剂和增塑剂等新污染物的暴露评估技术方法和主要健康效应；针对典型暴露场景，介绍了我国电子垃圾拆解活动污染物的排放特征、暴露途径、健康危害和健康风险管控措施，系统总结了污染场地土壤和地下水的环境健康风险防控技术方面的创新性成果。

近年来环境健康相关学科快速发展，重要研究成果不断涌现，亟须开展从环境暴露、毒理、健康效应到风险防控的全链条系统梳理，这正是本丛书编撰出版的初衷。"环境暴露与人群健康丛书"以科技部、国家自然科学基金委员会、生态环境部、卫生健康委员会、教育部、中国科学院等重点支持项目研究为基础，汇集了来自我国科研院所和高校环境健康相关学科专家学者的集体智慧，系统总结了环境暴露与人群健康的新理论、新技术、新方法和应用实践。其成果非常丰富，可喜可贺。我们深切感谢丛书作者们的辛勤付出。冀望本丛书能使读者系统了解和认识环境健康研究的基本原理和最新前沿动态，为广大科研人员、研究生和环境管理人员提供借鉴与参考。

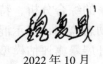

2022 年 10 月

前　言

　　重金属、卤代烃及石油烃等污染物是国内外场地土壤和地下水中最常见的污染物，严重威胁人体健康和生态环境安全，亟须针对重金属、卤代烃及石油烃等污染场地防控研发高效修复材料和技术装备，满足日趋严格的场地修复标准要求，特别是新实施的《污染地块地下水修复和风险管控技术导则》（HJ 25.6—2019），对修复材料和技术装备提出了更高要求。本书是作者多年场地修复实践经验和部分科研成果的总结，涉及的工程技术和理论对我国在场地环境健康风险防控及应用方面的科学研究、人才培养以及国民经济可持续发展具有重要的科学指导和实际应用价值。本书将理论研究和实际场地修复案例结合，在理论思想和案例分析上相辅相成，可执行性更高。

　　本书结合我国环境与健康制度建设需求，系统总结了我国在场地健康风险防控技术及应用等方面的成果。全书共分 6 章：第 1 章介绍场地土壤和地下水健康风险防控现状与发展，包括我国场地土壤和地下水健康风险防控法规发展情况、场地土壤和地下水健康风险防控内容，由王文兵编写；第 2 章介绍场地土壤和地下水健康风险调查技术，包括场地健康风险现场调查技术规范横断面调查、场地健康风险横断面调查数据统计分析技术指南，由王晨编写；第 3 章介绍场地土壤和地下水健康风险防控原位修复技术，包括绿色增溶脱附与地层强化渗透材料及技术、高传质缓释氧化还原降解材料与技术、原位高效生物修复材料与技术，由相明辉编写；第 4 章介绍异位土壤修复技术与装备，包括防堵塞分层多泵多相抽提与协同强化技术及装备、多相抽提物高效分离净化与尾气吸附降解技术及装备，由黄渊编写；第 5 章介绍场地土壤和地下水健康风险防控地球化学转化修复技术，包括场地风险防控地球化学转化自然衰减修复技术、场地风险防控地球化学转化强化修复技术，由王文兵编写；第 6 章介绍我国场地土壤和地下水健康风险防控技术应用实例，包括典型场地强化多相抽提与净化异位修复技术示范、氧化/还原修复技术示范和原位生物地球化学转化强化修复技术示范，由李辉编写。

　　本书参考和引用了前人大量研究成果，经过作者的理解、归纳和总结，同时也加入部分场地修复案例，感谢上海勘察设计研究院（集团）公司的李韬副总工提供部分案例，使得这部系统描述场地修复技术和应用的理论著作得以完成。作者衷心感谢在这一领域做出贡献的学者和同行，没有他们的研究和长期积累，很难形成这一领域的理论和科学体系，也衷心感谢在本书写作过程中给予帮助的专家学者，十分感谢我的学生们在各个部分提出的建设性的意见。

　　感谢国家重点研发计划项目"石化污染场地强化多相抽提与高效净化耦合技术"（2019YFC1805800）、"场地地下水卤代烃污染修复材料与技术"（2020YFC1808200）和国家杰出青年科学基金项目"场地有机污染物环境行为与效应"（42125706）的资助。

　　本书在编写过程中疏漏之处在所难免，恳请读者批评指正。

李　辉

2023 年 4 月于上海

目　　录

丛书序

前言

第 1 章　场地土壤和地下水健康风险防控现状与发展 ················· 1

1.1　我国场地土壤和地下水健康风险防控法规发展情况 ············· 3

1.2　场地土壤和地下水健康风险防控内容 ························· 4

　　1.2.1　健康风险评估模型 ··································· 6

　　1.2.2　场地土壤和地下水健康风险防控修复技术类型 ········· 10

第 2 章　场地土壤和地下水健康风险调查技术 ····················· 14

2.1　场地健康风险现场调查技术规范横断面调查 ················· 14

　　2.1.1　制定背景 ··· 14

　　2.1.2　适用范围及工作程序 ······························· 14

　　2.1.3　技术要点 ··· 22

2.2　场地健康风险横断面调查数据统计分析技术指南 ············· 25

　　2.2.1　制定背景 ··· 25

　　2.2.2　适用范围及工作程序 ······························· 26

　　2.2.3　技术要点 ··· 37

　　附录 A　统计表编制原则和结构 ····························· 40

　　附录 B　统计图编制原则和结构 ····························· 41

第 3 章　场地土壤和地下水健康风险防控原位修复技术 ············· 42

3.1　绿色增溶脱附与地层强化渗透材料及技术 ··················· 42

　　3.1.1　有机污染物修复材料及技术 ························· 42

　　3.1.2　重金属污染物修复材料及技术 ······················· 47

　　3.1.3　技术要点分析 ····································· 52

3.2　高传质缓释氧化还原降解材料与技术 ······················· 53

　　3.2.1　有机污染物修复材料及技术 ························· 53

　　3.2.2　重金属污染物修复材料及技术 ······················· 60

　　3.2.3　技术要点分析 ····································· 64

3.3　原位高效生物修复材料与技术 ····························· 65

　　3.3.1　有机污染物修复材料及技术 ························· 65

　　3.3.2　重金属污染物修复材料及技术 ······················· 73

　　　3.3.3　技术要点分析 ··· 79

第4章　异位土壤修复技术与装备 ·· 81

　4.1　气相抽提技术 ·· 82

　　　4.1.1　技术原理 ··· 82

　　　4.1.2　系统构成 ··· 82

　　　4.1.3　关键参数 ··· 89

　　　4.1.4　场地应用 ··· 90

　4.2　多相抽提技术 ·· 92

　　　4.2.1　技术原理 ··· 92

　　　4.2.2　系统构成 ··· 92

　　　4.2.3　关键参数 ··· 96

　　　4.2.4　场地应用 ··· 97

　4.3　土壤淋洗技术 ·· 99

　　　4.3.1　技术原理 ··· 99

　　　4.3.2　系统构成 ··· 99

　　　4.3.3　关键参数 ··· 115

　　　4.3.4　场地应用 ··· 120

第5章　场地土壤和地下水健康风险防控地球化学转化修复技术 ······· 122

　5.1　场地风险防控地球化学转化自然衰减修复技术 ················· 122

　　　5.1.1　有机污染物防控自然衰减修复技术 ······················· 123

　　　5.1.2　重金属污染物自然衰减修复技术 ··························· 125

　　　5.1.3　污染物防控自然衰减评估方法 ····························· 126

　　　5.1.4　技术要点 ··· 127

　5.2　场地风险防控地球化学转化强化修复技术 ····················· 128

　　　5.2.1　有机污染物防控地球化学转化强化修复技术 ············ 128

　　　5.2.2　重金属防控地球化学转化强化修复技术 ················· 143

　　　5.2.3　技术要点 ··· 154

第6章　我国场地土壤和地下水健康风险防控技术应用实例 ·········· 155

　6.1　典型场地强化多相抽提与净化异位修复技术示范 ············· 155

　　　6.1.1　修复背景 ··· 155

　　　6.1.2　技术修复性能及示范效果 ·································· 155

　　　6.1.3　技术要点 ··· 155

　6.2　典型场地氧化/还原修复技术示范 ······························· 157

　　　6.2.1　异位氧化修复技术示范 ···································· 157

　　　6.2.2　原位氧化修复技术示范 ···································· 158

6.3　典型场地原位生物地球化学转化强化修复技术示范 ················· 160
　　6.3.1　修复背景 ··· 160
　　6.3.2　技术修复性能及示范效果 ··································· 161
　　6.3.3　技术要点 ··· 162

参考文献 ··· 165
彩插

第1章 场地土壤和地下水健康风险防控现状与发展

随着我国城市化的快速发展和"退二进三"产业结构的调整，大批高污染高能耗的工矿企业相继关闭、搬迁，在城市及周边产生大量遗留场地，残留污染物仍会持续污染场地土壤和地下水。遗留下来大量污染场地，对后期的土地再利用造成了极大困扰，已成为全球共同的环境污染问题[1]。土壤受到重金属和有机物的污染后，会通过风力、雨水冲刷等各种介质传输，并且逐渐累积，严重影响植物作物和动物的生长与繁殖，给人类带来多种风险[2,3]。据估计，从 2001 年到 2015 年，有超过 10 万家工厂关闭[4]，近年来中国大中城市转移的产业数量正在增加。此外，中国的工业改革也是遗产数量增加的原因。与 2010 年相比，2011 年工业企业数量从 4.529×10^5 下降到 3.256×10^5，这是因为 2006~2010 年中国工业经历了产能缩减。这一行动导致许多中小企业关闭或合并，增加了搬迁地点的数量。据不完全统计，我国面积大于 1 万 m^2 的污染地块超过 50 万块。遗留的污染场地大多存在较严重的土壤和地下水污染问题。2014 年《全国土壤污染状况调查公报》显示，34.9%的调查工矿业废弃场地污染超标，对环境和人体健康具有较大危害。国内大型污染场地数量众多、占地面积大、污染复杂，导致该类场地在修复治理过程中难度和风险较高。同时，污染场地的治理修复费用高昂，现阶段还不具备同时对所有污染场地进行彻底修复的经济实力和技术力量，因此十分有必要开展污染场地可持续风险管控区划研究和分类管理，识别出可持续发展潜力，大的场地对其采取优先管控和再开发策略，以实现有限资源的优化配置，同时提高不同利益相关方风险交流、交互决策的有效性。

中国污染场地类型较多，其中矿区和工业产区往往是污染场地的集中区[5]。重金属（密度大于 5 g/cm^3）是污染场地的主要无机污染物类型，由于其高毒性和生物蓄积性而引起很大关注[6]。污染场地重金属污染主要来源于采矿、工业排放、固体废弃物和污水灌溉[7]。在过去的 50 年里，全球向环境中排放了超过 3 万吨 Cr 和 80 万吨 Pb，其中大部分在土壤中积累，造成了严重的重金属污染。2014 年全国土壤污染调查公报显示，工矿用地土壤已出现部分重金属污染，污染工厂及周边土壤超标率高达 36.3%[8]。相比之下，工业地区的土壤大多被 Cd 污染，受 Cr 污染较少。据估计，工业污染场地约 30%的土壤可能存在非致癌风险。此外，由于长期使用粗糙的电子垃圾拆解技术，国内存在许多受污染的电子垃圾拆解场所[9]。在回收电子垃圾的过程中，重金属被释放到环境中。在中国贵屿和台州，电子垃圾的拆解造成了严重的土壤重金属污染。石油污染场地也会导致直接经济损失。长期在受石油污染的农田上种植作物，会阻碍作物的正常生长发育，降低倒伏和抗病性，进而造成作物品质不良和减产[10]。此外，石油中不易被土壤吸附的成分可能随着降水渗入地下水，污染浅层地下水环境，影响饮用水安全。

欧美等发达国家在污染场地修复方面研究起步较早，积累了丰富的修复和管理经验，管理思想逐渐从污染物彻底清除阶段、基于风险的管理转变为绿色可持续风险管控，主张风险管控技术在社会、环境、经济等多个维度的综合考量。对此，美国州际技术管理委员会（ASTM）、美国环境保护局（USEPA）、国际标准化组织（ISO）、欧洲工业场地修复网络（CLARINET）和美国、英国、荷兰、加拿大等国的可持续修复论坛（SURF）相继发布了一系列实践框架、标准指南和技术评估则则，形成了相对系统完善的污染场地可持续风险管控制度体系。我国开展污染场地可持续风险管控的系统研究仅十年有余，虽然仍存在管控体系不完善、可持续影响机制考虑不足等棘手问题，但中国可持续修复论坛（SURF-China）的成立，加上《绿色可持续性修复指南》《污染地块绿色可持续修复通则》《土壤污染防治法》和土壤环境质量标准等系列文件的发布实施都极大地推动了我国污染场地风险管控行业的可持续发展[11]。因此，加强对污染场地土壤和地下水修复过程中的问题梳理和经验总结，充分借鉴国外先进修复技术与理念，可推动我国污染场地土壤和地下水修复产业健康发展。

场地土壤和地下水污染修复目前在国家经济发展以及城市人居环境改善中的地位越来越高，同时也成为城市土地可持续利用发展的重要手段。近年来，我国场地污染土壤和地下水修复引入了风险评估和风险管理的概念，采用多种技术消除、减少、阻断土壤和地下水中污染物对人体可能产生的健康风险。实际消除污染物对人体的健康危害，仅仅是场地污染土壤和地下水修复的一个阶段性目标而已；而维持场地土壤和地下水正常功能、恢复场地生态环境才是修复的最终目标。污染场地土壤和地下水原位修复技术、异位修复技术、受监控的自然修复和强化地球化学转化修复技术则是实现这一目标的重要手段。

目前关于场地土壤和地下水健康风险防控，在一些被有效控制和监测的场地，受监控的自然修复技术可以在既定时间内实现修复目标。该技术在美国土壤和地下水修复中得到广泛应用，欧洲许多国家也在积极推动此项技术，主要原因是欧美大多数场地污染土壤和地下水修复没有在合理的成本下实现修复目标。受监控的自然修复技术以及强化地球化学转化修复技术不仅可以持续完成土壤和地下水环境污染物清理的过程，显著减少修复成本，而且能够同时保护人体健康和环境安全，被誉为污染土壤和地下水的"第二代管理工具"。

1.1　我国场地土壤和地下水健康风险防控法规发展情况

　　土地再开发利用前，需要开展土壤环境调查、风险评估和修复治理以保证地块土壤和地下水环境质量满足规划用途要求，确保人体健康。近年来，我国污染场地管理和防控工作受到了国家的高度重视。1995 年，中国首次制定了《土壤环境质量标准》(GB 15618—1995)，在全国范围内采用了统一的土壤标准值[1]。原国家环境保护总局于 2004 年发布了《关于切实做好企业搬迁过程中环境污染防治工作的通知》，于 2005 年制定了《废弃危险化学品污染环境防治办法》；2005 年底，在国务院《关于落实科学发展观加强环境保护的决定》中，明确提出对污染企业搬迁后的原址进行土壤监测、风险评估和修复。2008 年环境保护部召开了第一次全国土壤污染防治工作会议，会议要求当前和今后一个时期必须加强城市建设用地和遗弃污染场地环境监管，组织开展搬迁企业原厂址土壤污染风险评估及修复工作，降低土地再利用对人体健康影响的风险，随后环境保护部提出了《关于加强土壤污染防治工作的意见》。2010 年，环境保护部陆续完成了《污染场地土壤环境管理暂行办法》《场地环境调查技术规范》《场地环境监测技术规范》《污染场地风险评估技术导则》《污染场地修复技术导则》等制定工作[12]。2010 年 11 月，环境保护部环境规划院成立了"环境风险与损害鉴定评估研究中心"。2011 年 2 月，国家批准了第一个"十二五"规划——重金属污染防治规划。2011 年和 2013 年分别颁布了《场地土壤环境风险评价筛选等级》(DB11/T 811)和《污染场地风险评价导则》(DB33/T 892)。2014 年 5 月，环境保护部发布了《关于加强工业企业关停、搬迁及原址场地再开发利用过程中污染防治工作的通知》，要求工业企业在搬迁、关停、原址场地的开发再利用等过程中要加大场地土壤和地下水污染防控工作的力度。2014 年环境保护部和国土资源部发布的《全国土壤污染状况调查公报》指出，工矿业废弃地土壤环境问题突出，重污染企业及周边土壤超标范围较大。随着《污染场地风险评估技术导则》(HJ 25.3—2014)出台，2016 年，国务院制定了《土壤污染防治行动计划》，简称"土十条"；"土十条"的颁布和全国土壤污染状况详查工作的开展，土壤污染问题受到高度重视。2018 年发布了新的《土壤环境质量　农用地土壤污染风险管控标准》(GB 15618—2018)和《土壤环境质量　建设用地土壤污染风险管控标准》(GB 36600—2018)，分别规范了农业用地和开发用地土壤污染的风险筛查和干预值。2019 年 1 月 1 日《土壤污染防治法》正式实施，标志着场地修复行业进入有法可依的阶段，场地土壤污染防治问题的重要性达到法律层面高度[13]。特别是有机污染场地，场地有机物蒸气吸入的暴露对人体潜在危害最大。在室内封闭空间中，污染物更容易积累，导致蒸气浓度增大，有机物的强挥发性使修复成效受到限制，因此如何对污染场地挥发性有机物进行有效的风险评估和管控，已成为当前迫切需要解决的问题。

自从 2001 年土壤修复技术研发纳入国家"863"高技术研究与发展计划资源环境技术领域以来，我国初步建立了部分重金属、持久性有机污染物、石油烃、农药污染土壤的修复技术体系。2009 年，国家科技部设立了第一个污染场地修复技术研发项目——典型工业场地污染土壤修复技术和示范，其中包括有机氯农药污染场地土壤淋洗和氧化修复技术、挥发性有机污染物污染场地土壤气提修复技术、多氯联苯污染场地土壤热脱附和生物修复技术、铬渣污染场地土壤固化稳定化和淋洗修复技术，这标志着我国工业企业污染场地土壤修复技术研究与产业化发展的开始。同期，科技部还资助开展了硝基苯污染场地和冶炼污染场地土壤及地下水污染修复技术研发与示范工作。在"十一五"期间，环境保护部在全国土壤污染调查与防治专项中开展了"污染土壤修复与综合治理试点"工作，在重金属、农药、石油烃、多氯联苯、多环芳烃及复合污染土壤治理修复方面取得了创新性和实用性技术研究成果。环境保护部对外经济合作中心（FECO）"持久性有机污染物（POPs）履约办"资助了多氯联苯、三氯杀螨醇、灭蚁灵、二噁英等污染场地调查、风险评估、修复技术研究，有效地支持了 POPs 污染场地的监管与履约工作。"十三五"期间，国家出台《中华人民共和国土壤污染防治法》，确定了中国土壤环境修复产业链条，包括规划标准、调查与监测、环境影响评价、产业防治、科研服务等活动，从咨询服务和工程实施两个方面建立了中国修复行业体系；目前，已实施"场地土壤污染成因与治理技术"和"农业面源和重金属污染农田综合防治与修复技术研发"重点科研专项[14]。"十四五"期间，生态环境部、发展改革委等七部门联合发布《"十四五"土壤、地下水和农村生态环境保护规划》，为土壤、地下水、农村生态环境保护做出举措。预计到 2025 年，全国土壤和地下水环境质量总体保持稳定，巩固提升对受污染耕地和重点建设用地的安全利用；到 2035 年，全国土壤和地下水环境质量稳中向好，农用地和重点建设用地土壤环境安全得到有效保障，土壤环境风险得到全面管控。同时在双碳政策下，要求我国场地土壤修复产业结合大数据、云计算、数据共享等跨领域技术逐渐转向低碳排放、低能耗、绿色可持续修复方法发展。

1.2 场地土壤和地下水健康风险防控内容

从欧美国家的实践中，可以将土壤和地下水的自然修复分为两个阶段。第 1 阶段以消除、减少、阻断土壤和地下水污染物对人体可能产生的健康风险为主要目的，要求采取必要的工程措施，在较短时间内解除污染物对人体健康的直接影响，恢复污染场地的某种用途。第 2 阶段则以消除土壤和地下水污染物对生态环境的影响、逐步恢复场地的生态功能为主要目的，采取受监控的自然修复技术，或者强化的自然修复技术，通过自然过程的长期持续处理，最终清除土壤和地下水中残余污染物。受监控的自然修复技术和强化修复技术在这两个阶段都有广泛的应用潜力，尤其在消除生态影响和规避修复工程风险方面的作用是目前的工程修复技术无法取代的[15]。

我国目前绝大多数的场地土壤和地下水修复目标值是以人体健康风险为基础计算得到的，但这只是土壤和地下水修复的第1阶段。从已发表的文献和调查数据分析，我国很多土壤和地下水污染场地存在污染物减少或降解的自然过程，具备采用受监控的自然修复技术和强化修复技术的条件。难点在于能否充分了解、监测和确认土壤和地下水污染场地可能发生的自然修复过程，并通过某些技术强化自然修复过程，让这些自然发生的物理、化学和生物过程持续减少和降解污染物，恢复土壤和地下水的生态功能。了解场地土壤和地下水污染的自然修复过程并不是一件容易的事情，需要更多的科研力量投入。一旦掌握了场地土壤和地下水自然修复规律，找到了强化自然修复过程的奥秘，就有能力进行更大规模的土壤和地下水的修复，改善我国土壤和地下水污染的状况。

土壤和地下水是经济和社会发展以及人民生活不可替代的重要资源。场地土壤和地下水的健康风险主要是其中污染物通过不同的暴露途径进入人体，主要包括经口摄入、皮肤接触、吸入土壤颗粒、室外吸入表层土壤污染物蒸气、室外和室内吸入下层土壤污染物蒸气、吸入室内地下水污染蒸气和室外地下水污染蒸气[16]。近年来，虽然国内开展了许多场地土壤和地下水健康风险防控工作[17-19]，但大部分只针对土壤或者地下水单一环境介质，而有机污染物的迁移往往同时存在于土壤和地下水中，仅针对土壤或地下水开展风险防控工作存在一定局限性。欧美许多国家在制定污染场地风险评估技术导则时，强调应采用层次化风险评估思路。我国目前的风险评估基本停留在第二层次，即利用评估场地部分实测数据对评估模型中的默认参数进行替换，其结果偏于保守。因此，根据不同场地土壤和地下水的水文地质分布，开展不同深度土壤和地下水多层次健康风险评估和防控，以制订场地特征污染物的筛选值和修复目标值，并划分各层位土壤和地下水的修复区域，精细化制订场地土壤和地下水健康风险防控措施尤为重要。

近年来，我国已颁布了与场地土壤和地下水健康风险防控相关的法律法规和技术标准，建立了基于风险的场地污染调查、评估与修复管理技术体系，该修复管理体系以均质场地土壤和地下水介质为前提，认为场地风险主要取决于污染物的总量，但实际场地环境条件复杂，土壤和地下水介质往往为非均质，并且污染物在场地中的形态归趋也是场地风险的关键因素。考虑实际场地复杂环境条件因素，构建精准调查、精细化风险评估和动态优化的风险管理技术体系，是未来场地土壤和地下水健康风险防控的发展方向。

1.2.1　健康风险评估模型

健康风险评价是建立污染场地风险管理体系不可缺少的技术手段，采用模型模拟能够准确高效计算场地土壤和地下水中的修复目标值，并进行风险表征。目前国内主要应用美国国家科学院（NAS）四步法、美国环境保护局（USEPA）推荐模型、英国 CLEA 模型（Contaminated Land Exposure Assessment）、荷兰 CSOIL 模型（Contaminated Soil）、多介质模型对污染地下水进行健康风险评估[20]。2014 年，《污染场地风险评估技术导则》（HJ 25.3—2014）发布，首次规范了我国建设用地污染地块人体健康风险评估的基本方法、模型与关键参数等应用规范，提出"在开展风险评估工作时，可结合土壤的特征性质，根据不同地块的水文地质、暴露情景、污染特征等信息，以'一场一策'的方式制定治理修复和风险管控目标"。

1. NAS 四步法

1983 年美国国家科学院提出的四步法，即危害鉴别、剂量-效应分析、暴露评估及风险表征。危害鉴别是健康风险评价的首要步骤，主要是指收集场地环境调查阶段获得的相关资料和数据，评估对人体可能的危害程度，判断污染物是否产生危害，进而筛选出受关注污染物，掌握关注污染物的浓度分布，分析可能的敏感受体。剂量-效应分析是指定量评估污染物的毒性，建立污染物的暴露剂量和敏感受体不良健康效应发生率之间的关系，用于评估污染物的毒性，是健康风险评价的重要步骤。目前剂量-效应关系主要是根据毒理学动物研究或者相关的人类流行病学研究，对有机污染物的致病机理进行讨论，并基于现有的统计结果和实验数据，作出剂量-效应关系曲线，并由此计算出致癌或者非致癌的参数[21]。暴露评估是指分析关注污染物迁移和危害敏感受体的可能性，确定污染物的主要暴露途径、评估模型以及模型参数取值，计算敏感受体对污染物的暴露量，是进行健康风险评价的定量依据。风险表征是指在危害鉴定、剂量-反应评估和暴露评估的基础上，估算污染物对敏感受体的健康造成的危害大小，或导致某种不良健康效应发生的可能性，在风险评价与风险管理中起着桥梁作用。风险表征的主要内容包括两个方面：计算污染物引起敏感受体不良健康效应或是造成健康风险的概率；对风险结果进行分析。

2. RAGS 模型

USEPA 在 1989 年颁布的《超级基金场地风险评价：人体健康风险评估手册》（Risk Assessment Guidance for Superfund，RAGS）中提出了与 NAS 四步法类似的风险评估方法，即数据收集和数据价值评价、污染物毒性的分析评估、人体暴露程度的评估以及对风险表征的描述和总结。RAGS 模型比 NAS 四步法更加具体，强调对污染场地各种参数的收集，对于污染场地的评价，其操作性更强。2001 年 USEPA 对 1989 年 RAGS 进行更新，颁布了《超级基金场地风险评估导则》，导则中提出了概率风险评估模型。该模型中的输入参数为概率分布函数，通过蒙特卡罗等模拟方法从输入参数的概率分布中随机取样，进行一定次数的模拟，其输出结果也是概率分布形式。概率风险评估模型能够真实反映参数变化对风险评估结果的影响，可对输入参数的不确定性进行分析，从而了解风险评价结果的置信度。

3. RBCA 模型

RBCA（Risk-Based Corrective Action）风险评估模型是美国材料与试验协会（American Society for Testing and Materials，ASTM）建立的风险评估模型[22]，该模型除可以实现污染场地的风险分析之外，还可以对于该地区的污染制定相应的修复方案，在美国、欧洲和我国的台湾地区都得到了广泛的应用。此模型将风险评估分为三个等级，其中一级评价只是以污染源点上方的暴露点作为对象来开展，在评价实施过程中所需要的土壤、地下水、大气以及污染物等的相关特征参数大多使用经验性的保守值；二级评价针对污染影响区内的真实暴露点，在评价实施过程中所需要的土壤、地下水、大气以及污染物等的相关特征参数大多使用经验性的保守值；三级评价是以二级评价作为实施基础，选择复杂性相对更强的数值模拟模型作为工具，模拟分析污染物在污染环境中存在的迁移衰减等变化。RBCA 模型估算是根据场地特定的土壤和地下水浓度以及土壤蒸汽和通量室测量的结果作出的，该模型假定地下水、土壤和土壤气相之间存在简单的平衡浓度。RBCA 模型采用美国环境保护局将化学污染物分类的方法，分为致癌污染物和非致癌污染物两类，致癌风险值的可接受水平限制在 $10^{-6} \sim 10^{-4}$ 以内，非致癌风险的危害商设定为 "1"，大于 1 则人为存在非致癌风险。致癌物质的致癌风险值（CR）计算公式为：

$$CR = \frac{IR_{oral} \times EF_{oral} \times ED_{oral} \times SF_{oral}}{BW \times AT} + \frac{IR_{dermal} \times EF_{dermal} \times ED_{dermal} \times SF_{dermal}}{BW \times AT}$$
$$+ \frac{IR_{inh} \times EF_{inh} \times ED_{inh} \times SF_{inh}}{BW \times AT}$$

式中，IR 为摄入比例；EF 为暴露频率；ED 为暴露持续时间；SF 为致癌斜率因子；BW 为体重；AT 为平均时间；下标 oral，dermal 和 inh 分别为经口、皮肤接触和吸入。

非致癌物质的危害值（HQ）计算公式为：

$$HQ = \frac{IR_{oral} \times EF_{oral} \times ED_{oral}}{BW \times AT \times RfD_{oral}} + \frac{IR_{dermal} \times EF_{dermal} \times ED_{dermal}}{BW \times AT \times RfD_{dermal}} + \frac{IR_{inh} \times EF_{inh} \times ED_{inh}}{BW \times AT \times RfD_{inh}}$$

式中，RfD 为参考剂量。

ASTM 模型是集大量数据和分析水平于一体的层次分析方法，更加注重全局和整个过程的全方位考虑，虽应用简单，但模拟结果相对保守，实际值往往低于模型的预测值。对于挥发性有机物，该模型假定地表空气中 VOCs 质量浓度为 0 来计算源衰减速率，但当地面存在建筑物时，建筑底板下土壤气中 VOCs 质量浓度通常不等于 0，污染源至建筑物地板的质量浓度梯度小于 RBCA 假设地表质量浓度为 0 时的梯度，导致存在建筑情景下 VOCs 的衰减速率降低。此外，建筑物室内外压差直接影响源衰减速率，但 RBCA 源衰减模型未考虑建筑物参数的影响。

4. CLEA 模型

CLEA（Contaminated Land Exposure Assessment）模型由英国环保局和环境、食品与农村事务部（DEFRA）以及英格兰环保局联合开发，是英国官方推荐的用来开展污染场地风险评价和获取土壤修复指导限值（SGVs）的模型[23]。CLEA 风险评价过程不包含短期或急性暴露风险评价，也不包括污染水体的人体健康风险评价，仅针对污染土壤。CLEA 模型将化学物质对人体或动物的健康影响分为阈值效应（非致癌物）和非阈值效应（致癌物），阈值效应用可接受日土壤摄入量（Tolerable1 Daily Soil Intake，TDSI）表示，非阈值效应用指示剂量（Index Dose，ID）表示，总称为健康标准值（Health Criteria Values，HCV）。依据日平均暴露量（Average Daily Exposure，ADE）与 HCV 的比值来评价污染场地污染物对人体的危害程度，当 ADE/HCV ≤ 1，说明在可接受范围内；ADE/HCV ＞ 1，说明污染场地具有潜在健康风险。ADE/HCV 的计算公式为：

$$\frac{ADE}{HCV} = \frac{IR_{oral} \times EF_{oral} \times ED_{oral}}{BW \times AT \times HCV_{oral}} + \frac{IR_{dermal} \times EF_{dermal} \times ED_{dermal}}{BW \times AT \times HCV_{dermal}} + \frac{IR_{inh} \times EF_{inh} \times ED_{inh}}{BW \times AT \times HCV_{inh}}$$

5. CSOIL 模型

CSOIL 模型是荷兰官方推荐使用的环境风险评价模型，由荷兰公共卫生与环境国家研究院（National Institute for Public Health and the Environment，RIVM）开发[24]。CSOIL 模型用日均暴露量（SUM）与最大可允许日均暴露量（MPR）的比值（Risk）来评价化学物质的危害程度：当 Risk ≤ 1，说明风险是可接受的；当 Risk ＞ 1，说明污染场地存在潜在的健康风险。在暴露途径方面 CSOIL 模型考虑得比 RBCA 模型更全面。CSOIL 模型的风险计算公式如下：

$$
\begin{aligned}
\text{Risk} = {} & \frac{\text{AID} \times C_s \times F_a}{\text{BW} \times \text{MPR}} + \frac{C_s \times \text{ITSP} \times F_r \times F_a}{\text{BW} \times \text{MPR}} \\
& + \frac{\text{AEXP}_i \times F_m \times \text{DAE}_i \times \text{DAR} \times C_s \times \text{TB}_i \times f_{rs} \times F_a}{\text{BW} \times \text{MPR}} \\
& + \frac{\text{AEXP}_i \times F_m \times \text{DAE}_o \times \text{DAR} \times C_s \times \text{TB}_o \times F_o}{\text{BW} \times \text{MPR}} + \frac{\text{QDW} \times C_{dw} \times F_a}{\text{BW} \times \text{MPR}} \\
& + \frac{\text{ATOT} \times F_{exp} \times \text{Td}_b \times \text{DAE} \times (1 - K_{wa}) \times C_{dw} \times F_a}{\text{BW} \times \text{MPR}} + \frac{C_{bk} \times \text{AV} \times \text{Td}_s \times F_a \times 1000}{\text{BW} \times \text{MPR}} \\
& + \frac{\text{TI}_o \times C_{oa} \times \text{AV} \times F_a \times 1000}{\text{BW} \times \text{MPR}} + \frac{\text{TI}_o \times C_{ia} \times \text{AV} \times F_a \times 1000}{\text{BW} \times \text{MPR}} \\
& + \frac{Q_{fvk} \times C_{pro} \times Q_{fvb} \times C_{pso} \times F_v \times F_a}{\text{BW} \times \text{MPR}}
\end{aligned}
$$

式中，AID 为土颗粒食入率，mg/d；C 为污染物在某一相中的浓度，mg/kg 或 mg/L；F_a 为吸收因子，无量纲；BW 为平均人体体重，kg；MPR 为最大可允许日均暴露量，kg/(d·mg)；ITSP 为土颗粒吸入率，mg/d；F_r 为肺部保持因子，无量纲；AEXP 为皮肤暴露面积，m²；F_m 为皮肤接触因子，无量纲；DAE 为土颗粒皮肤接触速率，kg/m²；DAR 为皮肤吸收速率，h⁻¹；TB 为皮肤接触暴露频率，h/d；f_{rs} 为尘土中土壤颗粒质量分数，无量纲；QDW 为日饮水量，L/d；C_{dw} 为饮用水中污染物暴露浓度，mg/L；ATOT 为皮肤面积，m²；F_{exp} 为洗澡时皮肤暴露比率，无量纲；Td 为洗澡时皮肤接触暴露频率，h/d；AV 为呼吸速率，m³/d；C_{bk} 为浴室蒸汽中污染物浓度，mg/L；F_v 为污染作物（自家种植作物）比率，无量纲；TI 为挥发暴露频率，h/d；下标 s、o、i、a、w、b 分别为土壤、室外、室内、气相、液相和浴室；下标 fvk、fvb、pro、pso 分别指食根作物、食茎叶作物、根部富集和茎叶富集。

6. 多介质模型

多介质模型（Multimedia Models）最初是由加拿大环境建模中心（Canadian Environmental Modelling Centre，CEMC）开发并用于解析计算化学物质在环境中变化归趋的模型，目前已经广泛应用到污染物进入环境中的分配、转化、迁移等过程的模拟中，其中部分已成为国家级法律法规标准及决策制定的重要辅助工具，其中包括 3MRA、MMSOILS 和 CalTOX 等。这是因为多介质环境模型通过对环境各个介质系统状态的细致描述，可以有效预测污染物在实际环境中的分配和迁移过程，所以对于监测污染物的环境残留，修复已经被污染的区域环境，制定环境标准、法规，判定污染物的优先级都有着十分重要的作用。与 RBCA 和 CLEA 模型不同，CalTOX 模型输入的参数包括各参数的平均值和变异系数，并可直接在模型中进行结果的敏感性及不确定性分析。

地下水筛选值的制定和模型参数本地化是中国土壤和地下水健康风险评估模型发展的趋势。中国科学院南京土壤研究所污染场地修复中心基于美国 ASTM RBCA E2081、英国 CLEA 导则和我国《建设用地土壤污染风险评估技术导则》（HJ 25.3—2019）开发的污染场地健康与环境风险评估软件 HERA Version1.0（Health and Environmental Risk Assessment Software for Contaminated Sites）能够对不同深度的土壤和地下水进行多层次健康风险评估以制订场地特征污染物的筛选值和修复目标值[25]，为我国实现可持续性土壤与地下水风险管控及综合利用发挥了重要的指导作用。林挺等[26]使用 Hydrus-1D 耦合地下水稀释模型构建水流和溶质运移方程，更精确计算出土壤和地下水中的风险控制值，减少风险控制土方量，节约后期风险修复和风险防控的成本。

1.2.2　场地土壤和地下水健康风险防控修复技术类型

场地土壤和地下水健康风险防控修复技术种类较多，不同修复技术的应用条件、环境需求均存在较大差异。我国多采用加权加和法（SAW）和层次分析法（AHP）等数值评分法进行污染场地修复技术筛选[27]。合理经济有效的修复技术是将污染场地目标污染物对人体健康风险降至可接受水平，而不是将目标污染物彻底清除[28]，最终修复技术方法的筛选应综合考虑场地条件、污染特征、修复工期和经济成本，应以场地污染特征为依据，根据技术成熟、经济可行、工期合理、易于验收的原则来确定[29]。

精细环境地质调查和风险评估将污染场地分为低风险、中风险和高风险三个不同的场地类型。制度控制（Institutional Control）、覆土（Covering Layer）、阻隔（Slurry Wall）和水力控制（Hydraulic Control）是进行土壤和地下水健康风险防控过程中的基本步骤。从土壤层级分布来看，表层土壤的风险防控重点在于控制其经口摄入、皮肤接触、空气扩散和迁移至地下水等途径。而下层土壤（第 2、3 层）则侧重于控制空气扩散和迁移至地下水的风险防控。

1. 低风险地区：原位修复技术

低风险地区通常采用原位修复技术，包括渗透性反应墙（PRBs）、纳米技术（Nanotechnology）、生物修复技术（Bioremediation）和自然衰减监测（MNA）的措施进行风险防控。PRBs 技术原理是在地下水流方向上填充活性材料（零价铁、双金属、石灰石、活性炭、无机矿物、黏土和生物降解材料等），利用天然地下水力梯度使污染地下水优先通过渗透系数大于周围岩土体的透水格栅并与填充在内的活性反应介质相接触反应达到去除污染物的目的[30]。根据反应墙的性质可以分为化学沉淀、吸附、氧化-还原和生物降解反应墙；根据反应墙的结构可以分为隔水漏斗-导水门、连续墙和灌水处理带式等结构。当地下水的污染羽规模较小且埋藏深度较浅时，可采用连续墙式结构，将渗透反应墙垂直于污染羽的迁移方向，横切整个羽状体的纵剖面；当污染区域较大，或蓄水层较厚时，为降低经济成本同时达到处理效果，可采用隔水漏斗-导水门式结构，通过隔水漏斗把地下水引入导水门，然后通过渗透性反应墙对污染地下水进行处理；灌注处理带式结构是通过把溶解状态的反应物灌注到含水层中，反应物包裹在含水层颗粒表面与含水层介质发生反应，形成处理带对流经的污染地下水进行处理。PRBs 技术最重要的是墙体内填充的反应介质，其稳定性、活性、寿命、使用成本以及是否带来二次污染都将直接决定可渗透反应墙技术的修复效果和实用性。纳米材料的高比表面积可以应用于吸附、提高光催化活性和抗菌性，粒子分离的超顺磁性以及其他新颖的性质可以提高土壤地下水的处理效果[31]。例如，纳米零价铁（nZVI）因其纳米尺寸，具有颗粒尺寸小、比表面积大、表面能高等特点，因此具有更高的反应活性。与微尺度零价铁相比，nZVI 在土壤中具有更好的流动性与传输能力，可以直接注入至含水层或者其他修复方法无法到达的污染区域。随着对环境微生物的研究深入，利用特殊微生物进行重金属、放射性元素、氯化溶剂、石油碳氢化合物、多氯联苯、阿特拉津、有机磷杀虫剂等污染的土壤逐渐成为可能。利用微生物进行污染土壤的治理不仅能在最大限度上保持土壤的物理性状，不易对植物生长造成影响，而且相对于传统方法成本较低，处理效果良好[32,33]。目前，已经分离出可以将六价铬还原为三价铬的微生物如埃希氏菌属、芽孢杆菌属、大肠杆菌、阴沟杆菌、假单胞菌属等；大肠杆菌、酵母菌、枯草芽孢杆菌等对土壤中重金属离子 Cu、Cd 等具有比较好的修复性能；裂褶菌 GGHNO8-116 菌株、巴氏芽孢杆菌等对 Pb、Hg、Cr 等污染的土壤具有一定的修复性能。目前用于石油污染土壤生物修复的功能性降解菌株，大多来源于筛选的土著菌株或其他具有石油烃降解功能的菌株，如芽孢杆菌、白腐真菌、假单胞菌。MNA 修复技术是利用污染场地天然存在的自然衰减作用使污染物浓度和总量减小，在合理的时间范围内达到污染修复目标的一种地下水污染修复方法。MNA 不但可作为唯一的修复手段，还可以与其他主动修复技术同时进行。自然衰减作用包括对流、弥散、稀释、吸附、沉淀、挥发、化学反应和生物降解作用[34]。在多种低风险地区风险防控的措施中，土壤和地下水污染自我净化能力的实时变化监测（如监测地下水污染羽流）是最经济有效的风险防控措施之一。

2. 中风险地区：地球化学转化强化修复技术

中风险地区主要使用地球化学转化强化修复技术，包括强化生物修复（EB）、化学氧化（ISCO）、化学还原（ISCR）和曝气（Air Sparging）技术。近年来，随着微生物工程的发展以及人们对绿色环保要求的提高, 生物修复技术以其费用低、对环境影响小、降解彻底等特点成为新的发展热点。生物修复技术与原有的治理技术相结合, 经过不断的研究完善, 又发展出诸如生物通风 (Bioventing)、生物喷射 (Biosparging)、生物啜食 (Bioslurping) 等强化生物修复技术。生物通风用于土壤包气带 (非饱和区) 中所有可生物降解污染物的修复, 生物喷射则适用于饱和区土壤修复, 生物啜食最适合修复地下水面自由态的浮油污染。在使用时要因地制宜, 选择最恰当的方式进行修复。应注意, 污染物在地下的分布往往并不均匀, 污染区的地质环境通常也并不单一, 所以经常会出现几种技术联合使用的情况[35]。ISCO 是一种利用强氧化剂破坏或降解地下水、沉积物和土壤中的有机污染物, 形成环境无害的化合物修复技术。可利用的几种典型的氧化剂包括过氧化氢、芬顿试剂、臭氧、高锰酸钾、过硫酸盐等。氧化剂能与许多毒性有机污染物完全反应生成二氧化碳和水的最终矿化产物, 或者生成一些易生物降解的中间产物从而有助于后续的生物修复[36]。ISCO 操作简单、费用低、效率高, 但当存在多种重金属离子时, 药剂选择比较困难, 并且药剂本身可能带来二次污染。ISCR 修复技术是一种在污染场地原地进行的地下水修复技术, 通过将化学还原剂注入地下指定的污染区域, 依靠还原剂与地下水中的污染物发生还原反应来去除目标污染物。ISCR 修复技术具有操作简单、安全、修复速度快、二次污染小、修复效果持久等突出特点。常用的化学还原剂包括零价铁、硫化物、溶解性有机质、乳化植物油及一些复配型专利还原剂等。根据所选还原剂的不同, 药剂注射方式相应有注射井注射及直接推进高压注射等[37]。AS 技术的修复机理是以注入到饱和带的气流为载体, 通过有机污染物的相间传质作用 (吸附-溶解-挥发), 将饱和含水层中的挥发性污染物带至包气带, 再由其他抽气技术 (如 Soil Vapor Extraction, SVE) 收集并传送到地表蒸汽处理设备进行处理。AS 技术中控制污染物去除的主要机制是相间传质和生物降解。该技术的关键是通过气体在场地传输, 污染物在固相-液相-气相间传输, 携带的氧气促使原位微生物发生降解作用, 主要受气体流型、组分传质、生物降解等因素的影响。原位 AS 技术适用于挥发性和半挥发性有机污染物的处理, 对土体孔隙率比较大的场地也比较适用, 具有安装简单、修复效率高、成本低、易与其他技术组合使用等优点, 但对土壤和地质结构要求比较高, 不适用于低渗透性和高黏土量的地区, 也不适合在承压水层和土壤分层的环境下使用。

3. 高风险地区: 异位修复技术

高风险地区常选用异位修复技术, 包括土壤气相抽提 (SVE)、单相抽提 (P&T)、多相抽提 (MPE) 和热脱附 (TDU) 技术。SVE 是用来处理土壤中挥发性污染物和半挥发性污染物的高效修复技术, 对于半挥发性污染物可采用生物加强气相抽提等。一般在污染区域设置直井或水平井，通过注入空气，蒸发污染介质中的挥发性或半挥发性组分，挥发性组分或半挥发性组分经提取井抽出后被收集，并进入后续大气治理设备[38]。MPE 技术是同时抽提场地污染区域土壤气体、地下水和自由相等多相态污染介质至地面以进行多相分离及净化处理的污染场地原位修复技术，综合了 SVE 技术和 P&T 技术的特点，能够同时修复地下水、包气带及含水层土壤中的污染物，回收自由相态污染物并控制地下水污染羽流迁移，同时强化好氧生物降解，尤其适用于易挥发、易流动的非水相液体（NAPL）污染修复[39]。MPE 的特点是可同时处理三相（气相、液相、固相）和非水相污染物，且抽提半径大，适用范围广，但不适用于水位变化大的区域，对深度有特定要求，并且需要先对污染物进行分类才能对其处理。TDU 技术的主要原理是通过污染场地原位加热，将污染物蒸发以从固相分离到空气相，然后通过空气过滤器将蒸发的污染物去除。该技术能耗比焚烧技术低，也可达到较高的去除率。在 500℃下，热脱附可以成功去除土壤和地下水中的持久性有机污染物，如多芳香烃（PAHs）和多氯联苯（PCBs）等[40]。

第 2 章　场地土壤和地下水健康风险调查技术

2.1　场地健康风险现场调查技术规范横断面调查

2.1.1　制定背景

1. 国内外研究现状

针对环境与健康现场调查，目前国内外均未发布国家标准。由于调查程序和调查技术不统一，不同调查结果之间缺乏可比性。场地健康风险现场调查技术规范横断面调查的编制填补了国内外空白，对于规范环境与健康调查程序、提高对环境污染致健康损害问题的科学和客观认识、完善我国环境标准体系、提升环境风险管理能力具有重要意义。

2. 必要性和可行性分析

2014 年修订的《中华人民共和国环境保护法》首次设立专门条款，明确了环境与健康工作是环境保护事业的重要组成，并将"保障公众健康"写入总则第 1 条，同时新增第 39 条"国家建立健全环境与健康监测、调查和风险评估制度"，但这些还属于原则性规定，具体落实需要相应的调查、监测和风险评估技术标准体系作为支撑。场地健康风险现场调查技术规范横断面调查的编制是"国家建立健全环境与健康监测、调查和风险评估制度"的客观需求，也是统一现有环境与健康调查技术规范以及操作流程的度量衡。

2.1.2　适用范围及工作程序

1. 适用范围

场地健康风险现场调查技术规范（横断面调查）主要适用于特定时间或时期，针对包括《土壤环境质量　建设用地土壤污染风险管控标准》（GB 36600—2018）、《土壤环境质量　农用地土壤污染风险管控标准》（GB 15618—2018）、《地下水质量标准》（GB/T 14848—2017）、《环境与健康现场调查技术规范　横断面调查》

（HJ 839—2017）等环境质量评价标准规定的疑似对人体健康风险产生威胁的土壤和地下水环境，对企业事业单位、社区居民和其他生产经营者活动导致环境污染开展的环境暴露和人群健康调查。

该技术一般不适用于放射性污染、电磁辐射、光、噪声、微生物、移动源、职业暴露等环境污染以及突发性环境污染事件对人体健康影响的调查。

2. 工作程序

在开始工作程序之前，首先需要确定调查内容，主要为污染源调查、暴露调查以及人群健康调查。其中污染源调查主要指生产企业或其他经营活动对周边环境的影响，包括污染物种类、生产或持续时间、日/周/月/年排放量、辐射范围等；暴露调查主要是指接触途径，包括与人群直接接触的土壤、地下水环境介质中含量，以及间接接触的水果、蔬菜、鱼、肉等膳食中污染浓度，进而通过人群日常活动和饮食习惯估算暴露人群污染物含量水平。

工作程序包括预调查和正式调查两个阶段（图 2-1）。预调查的目的是确定污

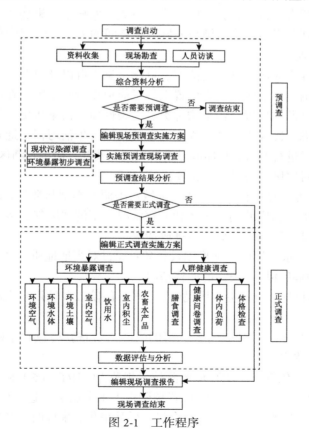

图 2-1　工作程序

染物的种类、污染物影响的区域范围、主要暴露方式，初步确定污染接触人群以及影响人群健康的混杂因素，明确调查的对照区和被调查区，讨论并确认调查技术路线和方法并进行可行性论证。预调查内容应包括资料收集、现场勘查、污染源调查、环境暴露初步现场勘查以及人员访谈等。具体工作方案如下：

A. 资料收集

（1）自然条件：地理位置、地形、地貌、地质、土壤、水文和气象资料等。

（2）社会资料：人口构成和分布，敏感目标分布，经济社会发展状况，土地利用资料，国家和地方相关的政策、法规与标准等。

（3）环境资料：污染源基本资料、环境监测资料、环境影响评价报告、环境审计报告等。污染源基本资料主要包括污染源的历史、工艺流程和污染类型、主要污染物种类、环保设施及污染物处理处置情况等；环境监测资料主要包括环境质量监测、竣工验收、监督性监测、企业自行监测数据等；由政府机关和权威机构所保存和发布的其他环境资料，如区域环境保护规划、环境质量公告等。

（4）健康资料：通过收集居民健康档案、疾病等级、卫生统计年鉴以及环境污染健康影响调查报告等，获得居民膳食组成、发病率、患病率、死亡率和生活方式等信息，判断当地环境污染与人群健康之间的关系，确定调查目标人群。

B. 现场勘查

根据污染源排放污染物影响范围、可能影响人群以及对照区的选择原则，确定现场踏勘范围，对照区在地理位置上尽可能地靠近污染区。在综合考虑可见污染源或疑似污染源的位置、污染物种类、污染性质、污染历史、污染程度和范围的基础上，考虑居民收入、文化程度、年龄结构、生活习惯，通过现场考察、走访等形式对现场进行调查，对环境异常情况进行辨识，初步判断区域的污染特征，确定污染区和对照区。现场勘查主要内容包括：

（1）区域污染现状和历史：调查区域污染源的类型与数量，以及可能造成土壤和地下水污染的物质使用、生产和贮存状况，了解"废气、废水和工业固体废弃物"处理与排放情况以及事故性排放情况。

（2）地质、水文地质和地形以及气象：通过对当地地质、水文和地形以及气象分析，分析判断环境污染物的迁移情况。

（3）敏感目标：重点关注居民区、学校、医院以及饮用水水源保护区等目标的分布。

（4）暴露人群：了解场地暴露人群的数量、人口构成、膳食结构和生活方式等。

C. 污染源调查

（1）土壤：依据《土壤环境监测技术规范》（HJ/T 166）和《多目标区域地球化学调查规范》（DZ/T 0258），设置预调查中 1 个点/km² 进行网格布置。

（2）废水：废水调查的采样点布设、样品采集、采样时间和频次、保存和运输及质量控制按《地表水和污水监测技术规范》（HJ/T 91）执行，在正常工况条件下，采集 1~2 次有代表性的样品。

（3）工业固体废弃物：工业固体废弃物的采样点，样品采取方式、保存、运输及质量控制过程均按照《工业固体废物采样制样技术规范》（HJ/T 20）展开。每个采样点采集 1~2 次有代表性的固体废弃物样品。

D. 环境暴露调查

在确定的预调查范围内，采集环境土壤，环境地表水、地下水、饮用水以及当地主要农产品，对照区与污染区的样本量应保持一致。

（1）环境土壤：土壤调查点位的布设要均匀，按网格法进行布点，单个网格不大于 1 km×1 km，在每个网格内可采用对角线法、梅花法、蛇形法或棋盘法等方法中的任一种采样方式采集混合样。分别采集表层土和深层土，表层土采集 0~5 cm 和 0~20 cm 的表层土壤，如需了解土壤的污染历史或者土壤背景值，可根据实际需要采集深层土或剖面土。土壤样品采集、记录、保存和运输、测定方法以及质量控制方法与措施按 HJ/T 166 执行。土壤样品采集时间尽量选择在农作物收货季节。

（2）环境水体：在可见污染源或疑似污染区及外围不受污染影响的区域采集地表水、地下水及饮用水。地表水点位布设、样品采集、保存及质量控制按 HJ/T 91 的相关规定执行；地下水监控点不少于 5 个，对照区地下水调查点位不少于 3 个，地下水的点位布设、样品采集、保存和运输、质量控制按 HJ/T 164 执行。

（3）饮用水：在被调查家庭采集饮用水。农村分散式供水的采集应根据供水方式确定；农村集中式供水和城镇集中式供水采集末梢水。饮用水样品采集、保存、运输以及质量控制按 GB/T 5750.2 执行。

（4）农产品：根据当时膳食结构及食用频率确定调查主要农产品种类，每种农产品不少于 6 个样品。以土壤采样网格为采样单元，采集对应粮食、蔬菜等主要农产品，农产品与土壤样品同步采集；以家庭为单位，采集家庭食用（市场购买和家庭自产贮存）的主要农副产品（粮食、蔬菜、鱼、肉）。样品采集、保存、运输、实验室分析以及质量控制按 NY/T 398 执行。

E. 人员访谈

采取面谈、电话交流或书面调查等方式，对现状或历史状况的知情人（包括政府、企业、专家、公众等相关人员）进行访谈，考证已有资料，完善相关信息。

F. 预调查结果分析

对收集的资料和现场勘查结果进行分析，了解调查区地形地貌、水文气象等自然条件，敏感目标、人口构成与分布、土地利用等经济社会发展状况，污染源历史和现状、主要污染物等环境特征，患病率、死亡率等人群健康状况。

分析现场调查结果，确定污染源排放特征、污染物处理处置情况，初步掌握调查区土壤、水体、农产品等暴露途径的污染特征。

综合上述结果，明确环境污染源、暴露方式、被调查对象之后，则可以确定是否需要开展正式调查，制定正式调查实施方案，并开展调查。

正式调查包括污染源调查、暴露调查以及人群健康调查。具体工作方案如下：

A. 环境暴露调查

a）环境水体

（1）点位布设：污染区和对照区地表水水质的调查点位布设原则和方法按 HJ/T 91 执行。地下水水质的调查点位布设原则和方法按 HJ/T 164 执行，污染区地下水监控点不少于 5 个，原则上对照区地下水调查点位分别不少于 3 个。在地下水缺失地区，地下水出露点不满足最小样本量要求的，则采集所有的地下水出露点。

（2）采样频次：水样每年采集不少于 3 期，分别为丰水期、平水期和枯水期；沉积物样品的采集频次按 GB 17378.3 执行，每年采样 1 次即可。

（3）样品采集：环境水体（地表水、地下水）样品采集、保存运输和测定以及质量控制方法与措施按 HJ/T 91、HJ/T 164 执行。沉积物样品点位布设尽量与地表水体的调查点位一致，沉积物样品的采集、保存和运输以及质量控制方法和措施按 GB 17378.3 执行。

b）土壤

（1）点位布设：土壤调查点位的布设采用加密网格法的方法布设。一般农用地土壤、城镇居民区土壤单个采样网格不大于 1000 m×1000 m；污水灌溉区农田土壤单个采样网格不大于 250 m×250 m；污染场地和工业固体废物堆积场地及周边土壤单个采样方式不大于 20 m×20 m。在每个采样网格内可采用对角线法、梅花法、蛇形法或棋盘法等方法中的任一种采样方式采集混合样。分别采集表层土壤和深层土壤，表层土壤采集 0~5 cm 和 0~20 cm 的表层土壤，深层土壤根据实际需要采集，对照区土壤单个采样网格不大于 1000 m×1000 m，原则上对照区采集不少于 20 个土壤样品。

（2）采样频次：调查周期内样品采集不少于 1 次。土壤样品采集时间尽量选择在农作物收获季节。

（3）样品采集：样品采集、保存、运输及质量控制按 HJ/T 166 执行。

c）饮用水

（1）点位布设：采样点位选择居民活动较频繁的房间的饮用水进行点位布设。调查家庭根据被调查家庭的房屋类型（平房、楼房等）等因素进行随机抽样，最小家庭户数按式（2-1）估算。

$$N = \frac{Z^2 \sigma^2}{E^2} \tag{2-1}$$

式中，N 为样本量；Z 为正态分布变量，当置信度为 95%时 Z 为 1.96；σ 为方差，取其样本变异程度最大时的值 0.5；E 为可接受的抽样误差，一般按 10%~25% 估算。

（2）采样频次：调查周期内采集不少于 2 次饮用水样品，每次取得不少于 7 天有季节代表性的数据，采样在调查家庭正常生活情况下实施。

（3）样品采集：农村分散式供水的采集应根据实际情况确定，取同一水层的饮用水；农村集中式供水需采集水源水和供水站出水；城镇集中式供水采集末梢水。采样具体要求按 GB/T 5750.2 执行。

d）农、畜、水产品

根据当地膳食结构以食用频率确定调查主要农产品种类，每种农畜水产品不少于 6 个样品。以土壤采样网格为采样单元，采集相应的谷物、蔬菜、水果类，农产品与土壤同步采集；以家庭为单位，在饮用水调查家庭采集其食用的谷物类、蔬菜类、水果类及畜禽水产品，采样频次原则上与室内空气调查保持一致。

（1）谷物类采样：家庭自产的谷物类，在农作物收获期内采集，主要采集可食部位，以土壤采样网格为采样单元，样品采集、保存运输、实验室分析以及质量控制按 NY/T 398 执行。市场采购的谷物类，在调查家庭采集有代表性样品，样品采集、保存运输、实验室分析以及质量控制按 NY/T 398 执行。

（2）蔬菜类采样：家庭自产蔬菜类，以土壤采样网格为采样单元采集蔬菜类样品，样品采集、保存运输、实验室分析以及质量控制按 NY/T 398 执行。市场采购的蔬菜，在调查家庭采集有代表性样品，样品采集、保存运输、实验室分析以及质量控制按 NY/T 398 执行。

（3）水果类采样：家庭自产水果类，以土壤采样网格为采样单元，样品采集、保存运输、实验室分析以及质量控制按 NY/T 398 执行。市场采购水果类，根据调查区内居民消费水果类组成，选择有代表性的种类进行调查分析，样品采集、保存运输、实验室分析以及质量控制按 NY/T 398 执行。

（4）畜禽水产品类家庭养殖自产的畜禽类、水产品以及蛋类、奶类样品，以调查区行政村（或自然村）作为采样单元，样品采集、保存运输、实验室分析以及质量控制按 NY/T 398 执行。市场采购畜禽类、水产品以及蛋类、奶类样品，根据当地居民膳食结构选择有代表性的种类进行样品采集，样品采集、保存运输、实验室分析以及质量控制按 NY/T 398 执行。

B. 分析方法

环境暴露样品的实验分析及质量控制参照国家相关标准执行。

C. 人群健康调查

a）人群健康调查内容

健康调查一般包括调查人群的选择、健康问卷调查、膳食调查、内负荷调查、体格检查。在开展人群健康状况调查前，应组织开展医学伦理审查并取得知情同意。

b）调查人群的选择

充分考虑环境污染物对人群健康影响的健康指标，选择目标人群进行健康调查。人群健康调查可采用普查和抽样调查。其中抽样调查可采用简单随机抽样、分层抽样、系统抽样和整群抽样等方法进行。简单随机抽样主要用于调查对象总体较小的情形；系统抽样主要用于按抽样顺序时，调查个体呈随机分布的情形；分层抽样主要用于层间差异较大的调查；整群抽样主要用于群间差异较小的情形。抽样人群原则上要包含开展饮用水调查的家庭成员。

根据计数和计量两种类型的健康数据，分别采用下列方法确定人群样本量：

（1）当抽样调查的指标为计数资料时，样本量采用式（2-2）计算：

$$N = \frac{t^2 \times PQ}{d^2} \tag{2-2}$$

式中，N 为样本量；P 为估计现患率；$Q=1-P$；d 为允许误差；t 为显著性检验的统计量。

（2）当抽样调查的指标为计量资料时，样本量采用式（2-3）计算：

$$N = \frac{Z_\alpha^2 \times S^2}{d^2} \tag{2-3}$$

式中，N 为样本量；Z 为统计学上标准正态分布的 Z 值；α 为显著性水平；S 为总体标准差的估计值；d 为允许误差。

c）健康问卷调查

健康问卷调查以收集暴露行为模式和健康资料为目的，内容包括：

（1）基本情况：年龄、性别、民族、文化程度、婚姻状况、收入水平等。

（2）环境、职业危险因素：居住环境、职业因素等。

（3）行为特征：吸烟、饮酒、饮茶、饮食习惯等，重点调查与环境污染物暴露有关的行为生活方式。

（4）既往疾病史：家族史、遗传病史、慢性病史、职业病史、近期患病情况等。

（5）健康影响指标：根据污染物类型及其导致的健康效应，确定调查人群相关疾病的患病情况，如恶性肿瘤、呼吸系统疾病、消化系统疾病、循环系统疾病和神经系统疾病等。

d）膳食调查

结合调查地区既有营养膳食调查结果，开展家庭居民膳食调查。调查家庭与饮用水调查家庭保持一致。具体方法按 WS/T 426.2 执行。

e）体内负荷水平调查

根据环境污染物的种类和污染水平，收集调查人体生物样品（血液、尿液、指甲、毛发、组织等），测定其中污染物及其代谢物的含量。生物样品采集时间、采集量、采样用品、采样环境、采样方法、保存和运输、采样记录、实验室分析、质量控制及数据处理和报告等按 GB/T 16126 执行。

f）体格检查

根据环境污染物引起的健康效应，选择相关指标进行体格检查。体格检查包括一般检查、辅助检查、涉及特征污染物健康影响特征的专项检查和效应指标检测。健康体检医学实验室要符合《健康体检管理暂行规定》《医疗机构临床实验室管理办法》中的相关规定。

D. 质量控制与质量评价

调查人员应对调查所获得的数据信息进行审核。质量控制主要包括检测及实验室数据、调查数据等关键环节。

a）样品采集、保存、运输及实验室分析

环境样品的采集、保存、运输及实验室分析的质量控制，按 HJ 630、HJ 664、HJ/T 20、HJ/T 55、HJ/T 91、HJ/T 164、HJ/T 166、HJ/T 167、HJ/T 194 执行；农、畜、水产品等样品的采集、保存、运输及实验室分析的质量控制按 NY/T 398 执行；人群生物样品的采集、保存、运输及实验室分析的质量控制按 GB/T 16126 执行；体格检查质量控制按《医疗机构临床实验室管理办法》执行。

样品检测及实验数据质量控制主要考虑以下几个方面：

（1）样品的检测数量和检测项目是否符合要求。

（2）样品的采集、保管、运输是否严格遵照相关技术规定。

（3）样品的检测是否严格遵照相关技术规定。

b）调查数据质量控制。

调查数据包括资料搜集、现场踏勘、人员访谈和问卷调查等方式获得的数据，其质量控制主要考虑以下几个方面：

（1）调查表（记录表）是否存在漏报情况，填报是否完整。

（2）信息数据的获取和提交是否符合工作程序和相应规定。

（3）调查表（记录表）的填报是否按照相应的要求进行。

（4）审核数据材料中的内容是否符合完整、是否符合客观实际。

（5）审核数据材料中重复出现的同一指标数值是否一致，具有关联的指标间衔接是否符合逻辑。

（6）分析数据值是否正确，指标数量级别、计量单位是否准确。

（7）对于搜集获得的资料，随机抽取 5%~10% 进行资料复核；对于人员访谈和调查表（记录表）获得的资料信息，随机抽取 5%~10% 进行回访复核。

E. 报告编制

a）统计分析

结合污染源调查、环境暴露调查和健康调查的结果，明确污染物在时间和空间上的分布特征、主要影响区域以及区域内人群健康状况，排除混杂因素，探讨环境污染和人群健康之间的相关关系。

b）报告编制

调查报告按基本情况、调查方法、质量控制及评价、数据处理和分析方法、调查结果和讨论、结论及建议等六部分编写，并将调查实施方案作为附件。

2.1.3 技术要点

1. 关于适用范围

环境与健康现场调查是确定环境污染和健康损害之间相关关系的基本手段。环境与健康调查方式主要有两种，一种是从因到果，在环境污染已经明确的条件下确认是否发生了人群健康损害；另一种是由果到因，在健康损害已经明确的条件下，探索导致健康损害的原因，环境污染因素为可能的危险因素之一。

场地健康风险现场调查技术规范横断面调查对于环境污染已经明确存在，且通过开展调查确认是造成公众健康损害的情形进行了明确的规定，强调"当前或历史上的污染源造成了环境污染"为前提，避免调查滥用。

环境与健康问题范围比较广泛，从先易后难角度及部门职责角度出发，场地健康风险现场调查技术规范横断面调查不涉及地球物理化学因素引起的地方病等原生环境与健康问题以及工作场所职业接触危害因素导致的职业与健康问题、光污染、噪声、电磁辐射、核辐射以及生物污染导致的人群健康影响调查。

2. 关于术语和定义

横断面调查：引自《现代环境卫生学》，陈学敏主编，人民卫生出版社，p197。

暴露：引自《现代环境卫生学》，陈学敏主编，人民卫生出版社，p212。

内负荷：引自《流行病学》，李立明主编，人民卫生出版社，第 5 版。

环境背景值：引自《环境信息术语》（HJ/T 416—2007）中"4.8 环境背景值"。

暴露途径：引自《现代环境卫生学》，陈学敏主编，人民卫生出版社，p212。

膳食结构：引自《现代环境卫生学》，陈学敏主编，人民卫生出版社，p212。

敏感目标：引自《场地环境调查技术导则》（HJ 25.1—2014）中"3.4 敏感目标"。

抽样调查：引自《流行病学》，李立明主编，人民卫生出版社，第 5 版，p127。

3. 关于规范性引用文件

场地健康风险现场调查技术规范横断面调查基于环境与健康专业理论，借鉴污染源、污染物环境监测技术规范相关要求及有关科研成果，特别是环境样品采集点位的布设、采集方法以及保存和运输等技术要求，充分吸纳了我国现有技术标准的相关要求。

4. 关于调查基本原则

根据环境与健康问题特点，提出了六项调查需要遵循的基本原则，包括空间匹配性、时间关联性、人群一致性、指标匹配性、样本代表性和对照区可比性。

空间匹配性指环境暴露调查范围要完全覆盖人群活动区域。

时间关联性指在调查的时间安排上，环境暴露调查的时间要和健康调查的时间紧密衔接。

人群一致性指内负荷调查的人群、问卷调查的人群以及体格检查的人群尽量选择同一人群。

指标匹配性指在环境暴露调查的特征污染物选择上，人体暴露调查指标以及人体内负荷指标要有特异性且与污染有关。

样本代表性指现场调查设计时，调查点位布设须充分考虑点位的代表性，环境现场主要是考虑调查点位须与人群活动区结合，健康调查需满足调查需要的足够人群样本量，结合经济可承受能力，达到抽样的科学性。

对照区的可比性主要考虑环境与健康调查存在调查指标尚无评价标准或缺乏特异性健康效应指标的情况，在实际工作中需要选择对照区进行比较，因此要求对照区和污染区之间应具有可比性。

5. 关于调查程序和调查内容

为确保调查的科学性、合理性和可行性，场地健康风险现场调查技术规范横断面调查规定了调查需分预调查和正式调查两阶段进行。

1）预调查

预调查一般在 3~6 个月内完成。预调查的目的主要是对环境污染以及人群健康影响的情况进行初步判断。通过预调查，明确环境与健康正式调查的范围、主要污染物、污染类型、污染特征、影响范围、暴露途径和影响人群。开展预调查有助于提高调查的针对性，减少不必要的调查项目，提高调查效率。

调查初期通常对于环境污染情况、影响区域历史和现状缺乏充分认识，需要对自然条件、社会经济、敏感目标、敏感区域情况、影响范围和人群等基础信息进行初步的梳理分析，主要开展资料收集、现场踏勘和人员访谈，并开展少量的现场监测，核实有关情况，筛查污染物种类，对环境污染监测数据或其他已有调查监测数据和资料进行分析，原则上该阶段主要开展快速采样分析。

2）正式调查

通过预调查对环境污染类型、范围、主要暴露途径、影响人群等有了初步的判断，进一步明确了调查目标和内容。正式调查需要从多渠道获取数据，设计合理的调查问卷和采样方法，配合环境监测、健康调查、实验室样品检测等手段协同开展。

6．关于污染源调查

现状污染源调查主要在预调查阶段开展。预调查阶段重点关注现状污染源的原辅料、主要产品和副产品、主要产排污环节、产排污排放量等资料信息，筛查环境污染物种类，考察正常工况下的环境污染物排放情况，建立污染源污染物排放和环境污染物之间的关联性。在摸清污染物排放种类、排放类型的情况下，在正式调查中可不将污染源列入调查。

根据国家对重点污染源监控的要求，须每季度对重点污染源开展一次监督性监测。预调查一般在 3～6 个月内完成。因此，在正常工况条件下，预调查对废气、废水、工业固体废弃物开展 1～2 次监测，取得有代表性数据即可。

7．关于环境暴露调查

为全面掌握污染源对区域环境的影响，场地健康风险现场调查技术规范横断面调查的预调查范围应在污染源环境影响评价范围基础上扩大一倍（半径）。

依据《土壤环境监测技术规范》和《多目标区域地球化学调查规范》，预调查中 1 个点/km²。

根据环境保护部、国土资源部、农业部等部门 2017～2018 年土壤详查的工作要求，正式调查中土壤按照网格化进行布点，单个网格不大于 400 m²（20 m×20 m）。大气污染排放为主造成的土壤污染仅对 0～5 cm 的表层土壤造成影响，故土壤样品采集时不仅要采集 0～20 cm 的耕作层土壤，还要兼顾 0～5 cm 的表层土壤。

8．健康调查

1）医学伦理审查

为保护人的生命和健康，维护人的尊严，尊重和保护被调查者的合法权益，保护个人隐私，根据《涉及人的生物医学研究伦理审查办法》（卫生计生委 2016 年第 11 号令）相关要求，实施环境与健康现场调查前必须开展医学伦理审查。

2）设计与实施

考虑到环境污染物对人体健康影响具有多因多果、长期低水平暴露、累积性和滞后性等特点，健康调查需从多角度开展以排除混杂因素，主要包括健康问卷、膳食结构和摄入量调查、内负荷调查、体格检查、死因回顾等。对于生物标志物不明确或非特异性健康效应，可通过问卷调查掌握被调查者的健康状况；对于具有生物标志物或存在特异性健康效应，可通过调查人体污染物内负荷或体格检查掌握人群健康状况。

2.2　场地健康风险横断面调查数据统计分析技术指南

2.2.1　制定背景

1. 国内外研究现状

环境与健康统计分析方法多参考环境统计学、医学统计学以及数理统计相关的书籍进行，没有专门的统计教材，国内外也均未发布技术指导文件。无论环境统计学、医学统计学还是数理统计，在理论方法上存在一致性，但在具体应用时需要根据实际情况选择。场地健康风险横断面调查数据统计分析技术指南编制是建立在统计分析共性理论方法的基础上，根据环境与健康横断面调查目的及获得数据特点有针对性地制定统计分析技术路线、筛选统计分析方法。

2. 必要性和可行性分析

2014 年修订的《中华人民共和国环境保护法》首次设立专门条款，明确了环境与健康工作是环境保护事业的重要组成部分，同时新增第 39 条"国家建立健全环境与健康监测、调查和风险评估制度"。为推动制度建设，《国家环境保护"十三五"环境与健康工作规划》提出制定系列环境与健康技术规范。2017 年 6 月，环境保护部发布了《环境与健康现场调查技术规范横断面调查》（HJ 839—2017），配合标准的发布，考虑环境与健康调查数据具有非正态性、非线性、非独立性、因果关系复杂性、时空关系复杂性等特点，数据分析需要专门的统计分析技术文件指导并规范统计分析流程。场地健康风险横断面调查数据统计分析技术指南的编制是环境与健康管理制度建设的客观需求，也是科学认识环境与健康关系的重要支撑。

场地健康风险横断面调查数据统计分析技术指南编制有理论基础和实践经验。现有的《环境统计》《医学统计学》等教材的基础理论为编写提供了方法学依据。同时，编制组成员在污染源调查、暴露评价、流行病学调查、环境统计学、医学统计学等方面具有较好的理论知识和实践经验，所提出的统计分析技术路线和方法均在环境与健康现场调查中得到应用。

2.2.2 适用范围及工作程序

1. 适用范围

本指南规定了场地健康风险横断面调查数据统计分析的工作流程、分析内容、分析方法和技术要求。

本指南适用于对场地健康风险横断面调查所获得的数据进行描述性统计分析和推断性统计分析。

2. 工作程序

场地健康风险横断面调查数据统计分析应包括统计分析方案制定、数据预处理、数据质量评价、统计描述与统计推断、结果表达等步骤（图 2-2）。

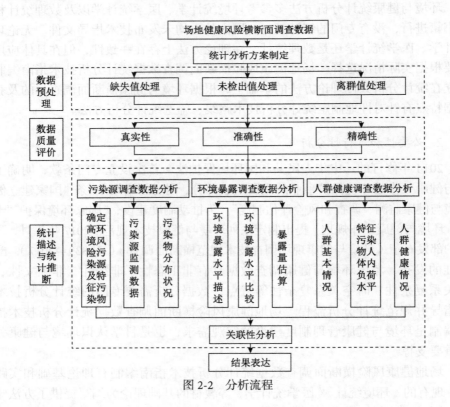

图 2-2　分析流程

3. 制作统计分析方案

统计分析方案应包括分析目的、数据预处理及数据质量评价方法、分析内容、分析指标、分析方法及分析结果表达方法等主要内容。

4. 数据预处理及数据质量评价

1）数据预处理

A. 缺失值处理

分析缺失值产生机制，对于可通过核实其他资料、重测、补充调查等方式弥补的，应对缺失值进行填补。如数据无法获得，可根据需要采用均值插补、回归插补、极大似然估计等统计方法对缺失值进行插补。必要时应对缺失值对分析结论的影响进行敏感性分析。

B. 未检出值处理

环境样品分析过程中经常遇到包含未检出值的数据集，这在对含有微量金属和微量有机污染物样本的分析研究中十分常见。目前处理未检出数据的方法通常是忽略或者用 0、检出下限的 1/2 或 1/3 进行简单替代。然而，当未检出数据比例较高时，忽略或简单替代可能给数据表征带来较大偏差，也不利于更深入的统计分析。因此，未检出值可用方法检出限的二分之一替代。

C. 离群值处理

所谓离群值是指在一组结果数据中有一个或几个数值与其他数值相比差异较大，暗示它们可能来自不同的总体。这些数据究竟是由于随机误差引起的，还是由于某些确定因素造成的，如果处理不好将会引起较大的系统误差[41]。应基于专业判断对离群值进行判断和核实，如为数据错误导致出现离群值的，应对数据进行修正；如数据无误但无法通过专业理论进行解释的，宜剔除离群值后进行统计分析。当样本数据服从正态分布时，应依据 GB/T 4883 剔除离群值；当样本数据不服从正态分布时，应制作样本数据箱线图（图 2-3）。样本观测值记为 X，箱线图中满足 $X<P_{25}-1.5IQR$ 或 $X>P_{75}+1.5IQR$ 的样本观测值为离群值，应根据实际情况予以剔除。

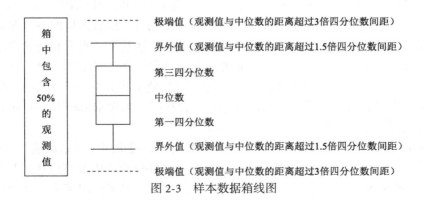

图 2-3　样本数据箱线图

2）数据质量评价

A. 真实性

应采用数据的可溯源率对污染源现场调查数据、环境暴露调查数据、人群健康调查数据和实验室检测数据的真实性进行评价。数据的可溯源率为抽查的数据中与原始数据一致的记录数占抽查数据总记录数的比例。

B. 准确性

应对采样记录数据、问卷调查数据、体格检查数据和实验室检测数据的准确性进行评价。

（1）采样记录数据、问卷调查数据和体格检查数据的准确性应采用正确率进行评价，采样记录数据、问卷调查数据和体格检查数据的正确率为上报数据中无三类数据错误（缺失值、非法值、逻辑错误）中任何一项的记录数占上报的总记录数的比例。

（2）实验室检测数据的准确性应采用实验室质量控制结果（如空白样品检出情况、有证标准物质检测结果、加标回收率、标准曲线相关系数等）进行评价。

C. 精确性

应采用平行样品的相对标准偏差评价实验室检测数据的精确性。

5. 统计分析方法选取原则

1）统计描述

统计描述主要指可以计算相对数的指标，如率、构成比和相对比。

A. 计量资料

根据数据分布类型及样本量选择统计描述指标。

（1）数据服从正态分布，应采用算术均数和标准差描述其平均水平和变异程度。当样本量较大（如 $n \geq 200$）时，宜同时描述其最小值、P_{25}、中位数、P_{75}、最大值。

（2）数据呈偏态分布但经对数转换后呈正态分布，或数据呈偏态分布但数据之间呈级数关系，应采用几何均数和几何标准差描述其平均水平和变异程度。当样本量较大（如 $n \geq 200$）时，宜同时描述其最小值、P_{25}、中位数、P_{75}、最大值。

（3）数据呈偏态分布且不能通过数据变换转化为正态分布，应采用中位数描述其平均水平，采用四分位数间距描述其变异程度。当样本量较大（如 $n \geq 200$）时，宜同时描述其最小值、P_{25}、P_{75}、最大值。

（4）当比较两组或两组以上数据变异程度时，可采用变异系数进行描述。

（5）针对一些分析测试指标检出率较低（如环境介质中的有机物、人体内暴露指标）的情况，进行调查区之间比较时作如下规定：对于检出率为100%的指标，应根据所有样品检测结果的数据分布类型选择平均数（算术均数/几何均数/中位数）描述平均水平；对于检出率高于 50%的指标，应采用所有样品检测数据的中位数描述平均水平；对于检出率低于 50%的指标，应采用检出样品的检测数据的中位数描述平均水平。

（6）关于计量资料中的 t 检验：有单样本 t 检验、配对 t 检验和两样本 t 检验[42]。单样本 t 检验是用样本均数代表的未知总体均数和已知总体均数进行比较，来观察此组样本与总体的差异性；配对 t 检验是采用配对设计方法观察以下几种情形：①两个同质受试对象分别接受两种不同的处理；②同一受试对象接受两种不同的处理；③同一受试对象处理前后。

B. 计数资料

对于技术资料的描述，可首先编制频数表，在此基础上应采用相对数（率、构成比或者相对比）进行统计描述。当样本量较小（如 $n<50$）时，应直接用分数表示。

2）统计推断

统计推断主要是估计相对数指标的可信限以及做假设检验，如置信率为 95%的可信区间的估计以及进行卡方检验等[43]。

A. 样本统计量比较

比较两个或几个样本的统计量所代表的总体参数之间的差异是否存在统计学意义时采用假设检验方法。

（1）单变量计量资料的均数比较。单变量计量资料的均数比较方法应主要根据样本量、数据分布类型以及方差是否齐性等特征进行选取（图 2-4）。如果数据

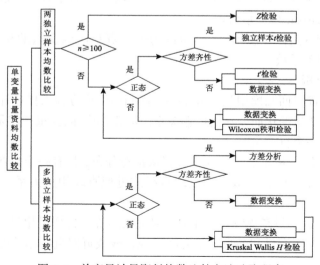

图 2-4　单变量计量资料均数比较方法选取程序

不服从正态分布或不满足方差齐性，可直接进行 t' 检验或 Wilcoxon 秩和检验或 Kruskal Wallis H 检验，也可进行数据变换。如数据变换后仍不服从正态分布或不满足方差齐性，则进行 t' 检验或 Wilcoxon 秩和检验或 Kruskal Wallis H 检验。

（2）两个样本率的比较。列出四格表，当每个格子的理论频数 $E \geq 5$，且总样本例数 $n \geq 40$ 时，应采用 χ^2 检验；当总样本例数 $n \geq 40$，但其中有一个格子的理论频数 $1 \leq E < 5$ 时，应采用连续性校正 χ^2 检验；当任何一个格子的理论频数 $E < 1$，或总例数 $n < 40$，或检验所得 P 值接近于检验水准 α 时，应采用 Fisher 确切概率检验。

（3）两个样本构成比、多个样本率或构成比等相对数的比较。列出行列表，当各格子的理论频数 $E > 1$，且 $E < 5$ 的格子数不多于格子总数的 1/5 时，应采用 χ^2 检验；否则应采取增加观察例数等措施或进行 Fisher 确切概率检验。

B. 相关分析

当一个变量固定，同时另一个变量也有固定值与其相对应，这是一种一一对应的关系，也叫做函数关系。而当一个变量固定，同时与之相对应的变量值并不固定，但是却按照某种规律在一定范围内分布，这两者之间的关系即为相关关系。相关分析有许多分类，按相关的因素分为单相关与复相关（多元相关），按相关形式可分为线性相关（直线相关）和非线性相关（曲线相关），按相关的方向可分为正相关和负相关，按相关的程度可分为完全相关、不完全相关和不相关[44]。相关分析是回归分析的基础和前提，而回归分析则是相关分析的深入和继续。当两个或两个以上的变量之间存在高度的相关关系时，进行回归分析寻求其相关的具体形式才有意义。

（1）对符合双变量正态分布的两变量作散点图，若呈直线或近似直线的相关关系，采用 Pearson 相关系数。

（2）对不符合双变量正态分布或为等级资料的两变量的相关分析，采用 Spearman 秩相关系数。

C. 回归分析

所谓计数资料回归模型就是采用一个回归模型或方程来描述计数的因变量随影响因素或自变量变化而变化的依赖关系。也就是说，因变量一定是"计数变量"，而且至少要有一个自变量[45]。

（1）如果因变量是连续型变量且服从正态分布、只有一个自变量、自变量和因变量相互独立、两者的散点图呈现直线或近似直线相关关系，采用一元线性回归。

（2）如果因变量是连续型变量且服从正态分布、自变量超过一个、各个变量之间相互独立、因变量和各自变量之间呈现直线或近似直线相关关系，采用多元线性回归。

（3）如果因变量服从或近似服从对数正态分布，先对因变量进行对数转换再进行线性回归。如果因变量服从 Poisson 分布，采用 Poisson 回归。

（4）如果因变量是二分类变量或多分类变量，采用二项 Logistic 回归或多项 Logistic 回归。如果回归模型预测值与因变量值的残差存在空间自相关（莫兰指数 >0 且 $P<\alpha$），采用包含空间随机效应因子的回归模型。

（5）回归分析中，自变量和因变量的选取应有理论依据，注意生物学可能性，不能把毫无关联的各种环境现象与健康效应进行回归。相关和回归分析的样本量过少可能导致模型估计结果的稳定性差。应结合当地实际情况和数据质量评价结果慎重地作出统计结论。

6. 污染源调查数据分析

1）统计分析目的

（1）明确污染区的高环境健康风险污染源和特征污染物，确定对照区没有污染区所关注的特征污染物的排放源。

（2）通过核算排放量、分析污染物超标情况、与对照区对比等方式来明确污染源对环境质量的影响。

（3）描述污染源与健康调查人群之间的位置关系。

2）数据特征

污染源调查获取的污染物排放量、排放浓度等现场监测数据以计量资料为主，其中排放浓度等现场监测数据多呈对数正态分布。

3）统计内容及方法

A. 确定高环境健康风险污染源及特征污染物

a）分析内容

结合污染物毒性筛选污染区内高环境健康风险的污染源及特征污染物。

b）分析方法

等标污染负荷法。根据污染源类型、所属行业及污染物种类，选取污染物排放标准，计算污染源及污染物的等标污染负荷、等标污染负荷[式（2-4）～式（2-9）]。

等标污染负荷：

$$P_{ij} = G_{ij} / S_{ij} \tag{2-4}$$

$$P_n = \sum_{i=1}^{n} P_{ij} \tag{2-5}$$

$$P_m = \sum_{j=1}^{m} P_{ij} \tag{2-6}$$

$$P = \sum_{i=1}^{n} \sum_{j=1}^{m} P_{ij} \ 或 \ \sum_{j=1}^{m} \sum_{i=1}^{n} P_{ij} \tag{2-7}$$

式中，P_{ij} 为某污染源 j 中某种污染物 i 的等标污染负荷；G_{ij} 为某污染源 j 中某种污染物 i 的年排放量；S_{ij} 为某污染源 i 的评价标准，取排放标准，不同污染源间进行比较时应选取相同的排放标准；P_n 为某污染源内各污染物的等标污染负荷之和；P_m 为污染区内各污染源内某种污染物的等标污染负荷之和；P 为污染区所有污染源的等标污染负荷之和。

等标污染负荷比：

$$P=ZP_y \ 或 \ ''P$$

将污染物等标污染负荷比按大小排列，累计百分比大于 80% 的污染物为主要污染物。将污染源等标污染负荷比按大小排列，累计百分比大于 80% 的污染源为主要污染源。

$$K_i = P_m / P \tag{2-8}$$

$$K_j = P_n / P \tag{2-9}$$

式中，K_i 为污染区内某种污染物的等标污染负荷比；K_j 为污染区内某污染源的等标污染负荷比；P_m 为某污染源内各污染物的等标污染负荷之和；P_n 为污染区内各污染源内某种污染物的等标污染负荷之和；P 为污染区所有污染源的等标污染负荷之和。

其他方法。对于存在环境健康风险且不能通过等标污染负荷法筛选的污染源和污染物，可根据研究目的，依据国家发布的有毒有害污染物名录或者环境与健康调查研究结果，结合研究地区实际情况，确定高环境健康风险污染源和特征污染物，将其纳入统计分析。

B. 污染源监测数据分析

a）分析内容

污染源排放的特征污染物的检出情况、浓度水平及超标情况。

b）分析方法

检出情况。计算特征污染物的检出率[式（2-10）]或计算检出样品数与样品总数的比，来描述其检出情况。

检出率 = 测定结果高于方法检出限的样品数/样品总数 × 100%　（2-10）

浓度水平。检验特征污染物浓度数据的分布，根据数据分布特征，依据前述统计描述选取统计指标描述其平均水平。

变异程度。根据特征污染物浓度数据的分布特征，依据前述统计描述部分选取统计指标描述其变异程度。

超标情况。选取污染物排放标准,计算特征污染物排放浓度的超标率[式(2-11)]或计算超标样品数与样品总数的比,描述其超标情况。

$$超标率 = 超过相应标准的样品数 / 样品总数 \times 100\% \qquad (2\text{-}11)$$

C. 污染源分布状况

根据污染源的空间位置信息,采用空间地图等展示污染区内污染源的分布状况。

7. 环境暴露调查数据分析

1)统计分析目的

(1)统计各环境介质中特征污染物浓度水平,判断调查区(污染区、对照区)的污染程度及污染物的时空分布特征。

(2)进行不同调查区之间污染水平的差异比较,进一步明确污染影响范围及程度。

(3)结合人群暴露参数估算人群暴露量。

2)数据特征

环境监测数据多呈非正态分布,具有严格时间或空间序列特征,时空相邻的数据具有更大可能的相似度,人为或自然原因可能引起瞬间或局部环境监测数据的变化。

3)统计分析内容及方法

A. 环境暴露水平描述

对环境水体、土壤、饮用水[46]、农畜水产品等样本中特征污染物的检出情况、浓度水平、变异程度和超标情况进行统计描述。统计内容及指标包括:

(1)检出情况。统计样本例数,并计算特征污染物的检出率。

(2)浓度水平。检验数据分布类型,依据统计分析方法选取原则,选取统计指标描述其平均水平。

(3)变异程度。根据特征污染物浓度数据分布特征,依据统计分析方法选取原则,选取统计指标描述其变异程度。

(4)超标情况。有相关标准或参考值时,计算样本超标率和平均超标倍数;无相关标准或参考值时,计算实测平均浓度与当地背景值或对照区污染物平均浓度的比值;无背景值时可参考相关文献。

B. 环境暴露水平比较

依据统计分析方法选取原则中的选取统计方法对不同调查区环境样本中特征污染物平均水平进行差异比较。

C. 暴露量估算

参见《环境污染物人群暴露评估技术指南》（HJ 875—2017）。

8. 人群健康调查数据分析

1）统计分析目的

（1）比较特征污染物对人群的健康影响（包括特征污染物人体内负荷水平变化、生理功能或生化代谢变化、机体功能失调、发病及死亡等）在不同环境暴露水平之间的差异。

（2）比较特征污染物的健康影响在不同人群之间的差异。

2）数据特征

人群健康状况往往与企业污染排放、调查区的环境质量状况存在一定的时空相关性，健康调查数据呈现组群间差异较大、群内差异较小的特点。

3）统计分析内容及方法

A. 人群基本情况

a）分析内容

研究对象的人口学特征（如年龄、性别、民族、婚姻状况、文化程度等）、行为危险因素情况（吸烟、饮酒、户外活动习惯等）、职业暴露史、既往患病情况、家族史、就医行为等信息。

b）分析方法

（1）依据 2.2.2.5 选取指标进行统计描述。

（2）依据 2.2.2.5 选取统计方法进行差异比较。

B. 特征污染物人体内负荷水平

a）分析内容

调查区人群的特征污染物人体内负荷水平。

b）分析方法

（1）依据 2.2.2.5 选取统计指标对调查区人群的特征污染物人体内负荷水平的平均水平及变异程度进行统计描述。

（2）统计样本例数、特征污染物人体内负荷水平正常例数和异常例数，依据 2.2.2.5 采用率（正常率、异常率、检出率等）或分数对特征污染物人体内负荷水平的正常情况、异常情况及检出情况进行统计描述。

（3）依据 2.2.2.5 选取统计方法对调查区人群的特征污染物人体内负荷水平及正常率、异常率、检出率等进行差异比较。

C. 人群健康状况

a）分析内容

调查区人群健康状况（如症状、体征、疾病、死亡等）的分布及其影响因素。

（1）当对调查区人群的疾病（死亡）率进行描述时，计算总率。

（2）当按人口学特征（人群的年龄、性别、职业、民族等）以及疾病种类描述疾病率时，计算专率。

（3）当比较两组或几组人群的健康状况时，不应计算粗率，应按年龄、性别等可能影响健康状况的因素进行标准化，计算调整率。标准化计算的关键是选择统一的标准构成，选取标准构成的方法有三种：①选取有代表性的、较稳定的、数量较大的人群构成作为标准构成，如全国范围或全省范围的人口数据作为标准人口构成；②选择用于比较的各组例数合计作为标准人口构成；③从比较的各组中任选其一作为标准人口构成。

b）分析方法

（1）症状和体征。统计各种症状体征的阳性例数，依据 2.2.2.5 选取率（阳性率）或分数对各种症状体征的异常情况进行统计描述，依据 2.2.2.5 选取统计方法对不同人群间的差异进行比较。

（2）生理生化指标。依据 2.2.2.5 选取相应指标对不同人群生理生化指标的平均水平及变异程度进行统计描述；依据 2.2.2.5 选取率（正常率、异常率）或分数对不同人群生理生化水平进行统计描述，依据 2.2.2.5 选取统计方法对不同人群间的差异进行比较。

（3）患病和死亡。统计不同疾病的新发病例数、患病例数、死亡例数，依据 2.2.2.5 选取相应的率（发病率、罹患率、患病率、死亡率）或分数对疾病的患病死亡情况进行统计描述，依据 2.2.2.5 选取统计方法对不同人群间的差异进行比较。

9. 关联性分析

1）统计分析目的

通过对特定时点/时期、特定范围内开展的污染源调查、环境暴露调查、人群健康调查所获取的数据进行统计分析，探索某个或某几个环境因素对人群健康影响的可能性。

2）分析内容

（1）比较污染区与对照区之间，或根据距离污染源远近划分的不同调查区之间环境暴露水平的差异，分析污染源对环境介质的影响范围及程度。

（2）比较污染区与对照区之间，或不同环境暴露组别间人群健康水平的差异，分析环境因素与健康水平的关联性。

3）分析方法

A. 污染源与环境暴露

（1）参照 2.2.2.7 的统计分析结果，比较污染区与对照区之间，或根据距离污染源远近划分的不同调查区之间的环境暴露水平的差异。

（2）采用散点图描述特征污染物的浓度水平随与污染源距离的变化情况。若散点图呈现线性相关，则采用相关系数和线性回归模型定量描述距离与污染物浓度水平的相关程度，相关和回归模型选取原则 2.2.2.5。

（3）采用统计地图标示污染源的地理位置，并采用空间插值等方法描述特征污染物浓度水平的分布情况，定性判断污染源与环境介质中特征污染物浓度水平在空间分布上的相关性。污染物浓度水平的空间插值常用方法包括克里金法、样条函数法、反距离插值法和趋势面法。通过比较各方法插值结果的交叉验证指标（包括平均误差、平均绝对误差、平均相对误差、均方根误差）选择误差相对较小的插值方法。

B. 环境暴露与人群健康

根据特征污染物和健康效应变量类型选取环境暴露与健康水平关联性分析方法。

（1）健康数据为计量资料时，采用散点图描述环境暴露水平与人群健康水平的相关性，若散点图呈现线性相关关系，则依据 2.2.2.5 选取线性相关系数和线性回归模型定量描述相关程度。

（2）健康数据为计数资料时，根据污染区与对照区的划分或环境暴露的不同水平分组，描述每个组对应的人群健康指标（如阳性率/异常率/患病率等），依据 2.2.2.5 选取 χ^2 检验、连续性校正 χ^2 检验或 Fisher 确切概率检验方法进行不同暴露水平组间人群健康水平的差异比较。采用 Logistic 回归模型定量分析环境暴露水平（自变量）与人群健康水平（因变量）的相关性。

（3）某一环境暴露因素导致的健康效应可能长达数年，可根据实际情况选取既往的环境暴露水平与当前的健康效应水平进行关联性分析。

C. 关联性判断

a）散点图

散点图中 Y 值随 X 值增加而上升，则 Y 与 X 有正相关关系；Y 值随 X 值增加而下降，则 Y 与 X 有负相关关系；Y 值与 X 值增减无一定规律，或 Y 值的变化不受 X 值变化的影响，则 Y 与 X 不具有相关关系；Y 值与 X 值增减服从非直线规律，则 Y 与 X 无线性相关关系。

b）相关系数

$0<r$（或 r_s）<1 且 $P<\alpha$（一般取 0.05），则两变量呈显著正相关关系；$-1<$（或 r_s）<0 且 $P<\alpha$，则两变量呈显著负相关关系；r（或 r_s）$=0$ 且 $P<\alpha$，则统计学意义上两变量不相关。

c）回归分析

对于线性回归和 Poisson 回归，回归模型的 $P<\alpha$，单个自变量的回归系数 β_i 的 $P<\alpha$，则认为此自变量与因变量显著相关；若回归系数的 $P>\alpha$，认为此自变量与因变量无显著相关性。

对于 Logistic 回归，若环境暴露水平为连续型变量，判断方法同上；若环境暴露按不同水平分组，研究区的环境暴露水平高于对照区，且研究区相对于对照区的人群患病比值比（OR 值）>1 且 $P<\alpha$（或 OR 值置信区间下限大于 1），则提示研究区内的环境污染与人群健康之间可能存在相关关系。

d）样本统计量比较

如果研究区内特征污染物的浓度水平或人群特征污染物暴露量显著高于对照区（$P<\alpha$），相应的人体内负荷水平、生理生化指标异常率、症状体征损害指标和疾病患病情况也显著高于对照区（$P<\alpha$），则提示研究区内的环境污染与人群健康之间可能存在相关关系。

10. 统计结果表达

通过统计表和统计图展示统计分析结果，并给予必要的说明，统计图和统计表的制作参见本章附录 A 和附录 B。数值修约依据 GB/T 8170 进行。

2.2.3　技术要点

1. 适用范围

本技术指南适用于场地健康风险横断面调查所获得的数据的统计描述和统计推断，病例-对照研究、队列研究所获得数据的统计分析另行制定。

2. 术语和定义

指南共有 38 个术语定义，主要参考环境统计、医学统计和国家相关标准（表 2-1）。

表 2-1　术语和定义及参考文献

术语和定义	参考文献
总体　样本　参数　统计量　计量资料　计数资料　等级资料　平均数　方差和标准差　分位数和百分位数　四分位数间距　相对数　率　构成比　相对比　假设检验　方差齐性检验　Z 检验　t 检验　t' 检验　方差分析卡方检验　连续性校正卡方检验　Fisher 确切概率检验　Wilcoxon 秩和检验　Kruskal-wallis H 检验　Pearson 相关系数　Spearman 相关系数　线性回归　Logistic 回归　死亡率　患病率　总率和专率　粗率和调整率	《统计学》（徐国祥主编，上海人民出版社，2007 年）《医学统计学（第二版）》（刘桂芬主编，中国协和医科大学出版社，2007 年）《中华医学统计百科全书：描述性统计分册》（田考聪主编，中国统计出版社，2012 年）《医学统计学》（贺佳，尹平主编，高等教育出版社，2012 年）《医学统计学（第六版）》（李康，贺佳主编，人民卫生出版社，2013 年）《中国公共卫生·方法卷》（王宇，杨功焕主编，中国协和医科大学出版社，2013 年）《医学统计学（第三版）》（颜虹，徐勇勇主编，人民卫生出版社，2015 年）
横断面调查	《环境与健康现场调查技术规范　横断面调查》（HJ 839—2017）
等标污染负荷	《环境统计》（蔡宝森主编，武汉理工大学出版社，2004 年）
暴露量	《污染场地术语》（HJ 682—2014）
暴露参数	《环境化学污染物暴露评估技术指南（征求意见稿）》（环办科技函〔2017〕1211 号）

3. 规范性引用文件

场地健康风险调查数据的分布类型检验依据《数据的统计处理和解释正态性检验》（GB/T 4882）进行，离群值处理依据《数据的统计处理和解释正态样本离群值的判断和处理》（GB/T 4883）进行。为规范统计分析结果表达，需要依据《数值修约规则与极限数值的表示和判定》（GB/T 8170）进行数值修约。

4. 数据预处理及数据质量评价

对场地健康风险横断面调查获取的数据进行数据预处理和数据质量评价是统计分析的前提。数据预处理包括缺失值、未检出数据及离群值的识别与处理。数据真实性和准确性直接影响统计分析结果，本指南对应提出了数据质量评价指标，包括可溯源率和正确率两项指标。

5. 统计分析方法选取原则

场地健康风险横断面调查数据的统计分析主要涉及描述性统计分析、差异比较、相关与回归分析。需要依据数据的类型、样本量、数据分布特征以及方差是否齐性等几个方面来选取具体的描述性统计分析指标及推断性统计分析方法。此处列出了最基础、最常用的描述性统计分析指标及推断性统计分析方法的选取原则。

6. 污染源调查统计分析

通过污染源调查（资料调研、现场监测），可以获得污染源的类型和位置、污染物的种类、排放量、排放浓度、污染物的排放方式和途径等数据。通过空间地图展示调查区内污染源的空间分布情况，可为高风险污染源的确定提供基础。

为了确定高环境健康风险的污染源和特征污染物，本指南借鉴了污染源评价中常用的方法——等标污染负荷法。等标污染负荷法可以将标准各异、量纲不同的污染源和污染物的排放量，通过一定的数学方法转变成一个统一的可比较值，从而确定出高环境健康风险的污染源和污染物。等标污染负荷法主要是基于污染物排放标准进行计算，考虑到相当一部分与人群健康关系密切的污染物尚无排放标准，本指南也提出了根据研究目的，依据国家发布的有毒有害污染物名录或者环境与健康调查研究结果，确定高健康风险污染源和特征污染物的方法。

污染源监测获取的数据主要为污染源排放的特征污染物的浓度数据，按照统计方法选取原则选取统计指标和方法，统计分析其检出情况、浓度水平及超标情况。

7. 环境暴露调查统计分析

对横断面调查所获得的环境暴露数据进行规范统计分析。统计各环境介质污染水平，获得调查区的污染程度。进行不同研究区之间污染水平的差异性检验，进一步明确污染影响范围及程度。结合人群暴露参数估算人群外暴露量，为环境暴露与人群健康的关联性分析做准备。

8. 人群健康调查统计分析

人群健康调查统计分析强调了在按人口学特征（人群的年龄、性别、职业、民族等）以及疾病种类描述疾病率时，需要计算专率的要求；比较不同年龄结构人群的疾病率时，需要进行标化处理的要求。

9. 关联性分析

污染源与环境暴露的关联分析通过定性方法描述，包括距离-浓度散点图和统计地图。此步骤即检验特征污染物是否呈现与源的距离衰减关系，以确定源的影响途径和影响范围。

环境暴露与人群健康的关联分析通过定性和定量方法描述，包括双变量散点图、相关分析、回归分析和环境暴露组别间率的差异性检验。特别指出由于环境暴露导致健康结局的潜伏期可能长达数年，需要根据实际情况选取过去的环境暴露水平与当前的健康水平进行关联性分析。

10. 附录

统计表和统计图是统计描述的重要工具。尤其广泛应用于统计结果表达及对比分析中。附录中针对统计表与统计图的制作原则和结构进行了详细说明，主要参考书目有《医学统计学(第六版)》(李康，贺佳主编，人民卫生出版社，2013 年)及《医学统计学》(贺佳，尹平主编，高等教育出版社，2012 年)。

附录 A 统计表编制原则和结构

A1. 统计表编制原则

（1）一张表一般只表达一个中心内容和一个主题。若内容过多，可分别制成若干张表。

（2）主谓分明，层次清楚。统计表表达是若干完整的文字语句，主谓语的位置要准确。定语部分放在标题内，主语放在表的左边作为横标目，谓语放在右边作为纵标目，横标目与纵标目交叉的格子放置数据，从左向右读，每一行便形成一个完整的句子。

（3）数据表达规范，文字和线条尽量从简。

A2. 统计表结构

统计表可由标题、标目（包括横标目、纵标目）、线条、数字和备注五部分构成。

（1）标题。简明扼要地说明表的主要内容，包括时间、地点和研究内容，放在表的上方正中位置。如果有多张表格，标题前应加上标号。如果表中所有数据指标的度量衡单位一致，可以将其放于括号内置于标题后面。

（2）标目。包括横标目和纵标目，有单位时需标明。横标目位于表的左侧，说明每一行数据的意义，纵标目位于表头右侧，说明每一列数据的意义。纵标目的总标目主要是对纵标目内容的概括，需要时设置。

（3）线条。通常采用"三线表"格式，即顶线、底线、纵标目下的横线。若某些标目或数据需要分层，可用短横线分隔。

（4）数字。用阿拉伯数字表示，同一指标小数点位数一致、位次对齐。表内不留空格，无数字用"—"表示，以备注的形式说明。若数字是"0"，则填写"0"。

（5）备注。表中数据区需要插入文字或其他说明，可用阿拉伯数字或英文字母或符号（如"*"）等以上角标的形式标出，将说明文字写在表格的下面。

附录 B　统计图编制原则和结构

B1. 统计图编制原则

（1）必须根据资料的性质、分析目的选用适当的统计图。

（2）一个图只表达一个中心内容和一个主题，即一个统计指标。

（3）编制图形应注意准确、美观，图线粗细适当，定点准确，不同事物用不同线条（实线、虚线、点线）或颜色表示，给人以清晰的印象。

B2. 统计图结构

统计图通常由标题、图域、标目、图例和刻度五个部分组成。

（1）标题。简明扼要地说明资料的内容、时间和地点，位于图的下方正中位置并编号。

（2）图域。即制图空间，除圆图外，一般用直角坐标系第一象限的位置表示图域，或者用长方形的框架表示。

（3）标目。分为纵标目和横标目，表示纵轴和横轴数字刻度的意义，有度量衡单位时需标明。

（4）图例。对图中不同颜色或图案代表的指标注释。图例通常放在图的右上角或图的正下方。

（5）刻度。即纵轴与横轴上的坐标。刻度可在内侧或外侧，刻度数值按从小到大的顺序，纵轴由下向上，横轴由左向右。坐标原点必须从零开始。

第 3 章 场地土壤和地下水健康风险防控原位修复技术

3.1 绿色增溶脱附与地层强化渗透材料及技术

3.1.1 有机污染物修复材料及技术

1. 基本原理

土壤污染是指人类的生活和生产活动过程中产生的外源性污染物直接或间接进入土壤环境中，当土壤中的有害物质积累到一定程度，超过土壤的自我清洁能力时，土壤自我调节水平丧失，土壤质量恶化，最终对生态系统、人类健康产生危害[47]。

绿色增溶脱附与地层强化渗透技术即土壤淋洗技术，是通过向土壤中注入特定的淋洗剂，再利用重力和水力压头，推动淋洗液通过土壤，将土壤中的污染物质溶解并分离出来，从而达到修复土壤的目的[48]。淋洗技术最初应用于实际工程所使用的淋洗剂多为无机淋洗剂，包括水、无机酸、碱等。而后无机淋洗剂的种类增加了无机盐，螯合剂、表面活性剂和有机酸等也逐渐应用。目前主要应用的淋洗剂包括无机淋洗剂、螯合剂、表面活性剂（生物表面活性剂、化学表面活性剂）及有机酸四大类[49]。

表面活性剂是指仅需少量加入就能使溶剂的表面张力显著降低从而改变体系界面状态的一类物质，它具有特殊的两亲分子结构，能改变体系的界面性质，产生分散、润湿、增溶、渗透、乳化、发泡等系列作用，具有洗涤、促溶、分散、润湿、乳化、杀菌等多种应用性能及功效[50]。

表面活性剂在修复土壤有机物污染时，主要利用其增溶作用，将污染物溶解至液相。增溶机制有以下两方面，一是表面活性剂浓度低于临界胶束浓度（CMC）值时，由于未形成胶束，此时基本无增溶作用，其单体主要在固-液或液-液界面积累，通过疏水作用吸附在土壤表面游离的有机污染物；二是当表面活性剂浓度达到 CMC 值时，溶液中开始形成胶束，亲水基伸入水相，憎水基倾向于与疏水有机污染物或土壤颗粒结合，形成定向排列的吸附膜，使溶液在土壤表面铺展开，降低了固-水、污染物-水的界面张力，促进土壤中污染物在液相的溶解，因为非极性的碳氢化合物与胶束内部的非极性基团性质接近，所以容易溶于胶束中，增溶效果显著。表面活性剂的分散作用能将土壤分散成微小颗粒，增大了其比表面积，提高洗脱效率，同时胶束的存在也提高了污染物在溶液中的稳定性[51]。

大部分表面活性剂还能直接作用于植物和微生物，对植物可以增加植物细胞膜的通透性，强化植物对污染物质的吸收降解，对微生物可以促进有机物通过微生物的亲水细胞壁进入到细胞内，接触到内部的降解酶，从而高效降解污染物。

阳离子表面活性剂、阴离子表面活性剂、非离子表面活性剂、混合表面活性剂和生物表面活性剂等都广泛地应用于原位淋洗处理污染土壤有机污染物。

阳离子表面活性剂的亲水基带正电，一般为铵盐型、季铵盐型及杂环型等，水溶性较好，杀菌性能优异，常用于杀菌防腐。这类表面活性剂容易强烈吸附在带负电的土壤颗粒上，增加土壤有机质的含量，从而增强对土壤中污染物的溶解，进而洗脱阳离子表面活性剂上的污染物。常见的阳离子表面活性剂包括溴化十四烷基吡啶（MPB）、十六烷基三甲基溴化铵（CTMAB）和十八烷基二甲基苄基氯化铵（NoKe-1827）等铵盐[52]。

阴离子表面活性剂中，使用最多的是烷基苯磺酸钠（LAS）、十二烷基硫酸钠（SDS）以及十二烷基磺酸钠（SDBS）。其原理在于土壤溶液是带负电荷的胶体体系，与解离后的阴离子表面活性剂显相同的电性，从而降低了吸附损失，且增加了土壤颗粒的分散性，从而能达到理想的治理效果[53]。

以 3 种商品化且常用的 Tween-80、TX-100 和 AEO-9 为代表的非离子型表面活性剂增溶能力强，CMC 低，解离后对酸碱盐等强电解质的耐受性高，并且容易被生物降解，生态安全性好，更宜用于处理有机污染[54]。

传统的阴离子表面活性剂 CMC 偏高，非离子表面活性剂则会因氢键与土壤表面的作用发生吸附，而混合表面活性剂的 CMC 显著低于单一表面活性剂的 CMC，污染物的分配系数增大，且混合表面活性剂胶核外层大量的负电荷减少了其在土壤上的吸附损失。因此，表面活性剂复配体系，如 SDBS 与 TX-100 混合物、LAS-TX100 混合体系和 LAS-APEO 混合体系，应用于土壤污染治理时可取得较单一表面活性剂更为优良的效果。阴-非离子混合表面活性剂既避免了阴离子表面活性剂增溶能力较弱、易与阳离子生成沉淀的弱点，又避免了非离子表面活性剂易在土壤介质上吸附的缺陷，是首选的有机污染物去除体系。

生物表面活性剂是一类微生物代谢产生、可被天然降解、同时含亲水和疏水基团、对人体皮肤低刺激的两亲分子。传统的合成表面活性剂因为受吸附、沉淀或相变作用导致量的损失，会降低或失去对土壤污染物的治理能力，且生物降解性较低，易引发二次污染。而生物表面活性剂易降解、无残留、不形成二次污染，恰能与合成表面活性剂形成补充。因此，生物表面活性剂可能是前景最广阔的污染土壤治理剂。目前已知的生物表面活性剂多属于糖脂型，如鼠李糖脂、槐糖脂、海藻糖脂等，其中，鼠李糖脂在污染土壤治理与修复中应用最广。

2. 系统构成和主要设备

原位表面活性剂淋洗修复技术重点在于淋洗操作系统的过程设计，简而言之，淋洗系统的过程设计就是把许多亚系统组合在一起，使土壤修复工作顺利实施。原位化学淋洗操作系统的装备由向土壤中施加淋洗液的设备、下层淋出液收集系统、淋出液处理系统三个部分组成，如图 3-1 所示。同时，通常采用物理屏障或分割技术把污染区域封闭起来。

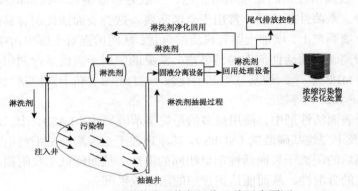

图 3-1　原位淋洗法修复污染土壤示意图[55]

土壤淋洗技术在地面表层实施或通过下表层注射。地面实施方式包括漫灌、挖池和沟渠、喷洒等，这些方式适用于处理深度在 4 m 以内的污染物。地面实施土壤淋洗技术除了要考虑地形因素外，还要人为构筑地面梯度，以保证流体的顺利加入和向下穿过污染区的速率均一。当采用地面实施方法时，地势倾斜度要小于 3%，要求地势相对平坦，没有沟谷。砂型土壤最适合采用地面实施方法，水力学传导系数大于 10^{-3} cm/s 的土壤也可在地表进行土壤淋洗[56]。

在当地地形限制了其他修复方法实施，或整个表面土壤不需要湿润时，可采用挖沟渠方式。大多数沟渠的形状是平底较浅的，以尽量充分运送和分散淋洗液。喷淋方式能够覆盖整个待治理区域的下层土壤。据报道，喷淋系统可湿润地下 15 m 深处的土壤。

下表面重力输送系统采用浸渗沟和浸渗床，是一些挖空土壤后在充满多孔介质的区域，能够把淋洗液充分地扩散到污染区。浸渗渠道主要是地穴，淋洗液依次在横向和纵向分散。压力驱动的分散系统也可用来加快淋洗液的分散，压力系统可利用开关管道来控制，也可采取狭口管。压力分散系统适用的土地类型是水力学传导系数大于 10^{-4} cm/s、孔积率高于 25% 的土壤。

　　收集淋洗液-污染物混合体的系统一般包括屏障、下表面收集沟及恢复井。许多场地工程往往合并采用这三种措施。下表面土壤环境越复杂，收集系统的设计就越繁杂。其实，在多数修复点，收集系统类似于传统的泵处理装置，如图 3-2 所示。

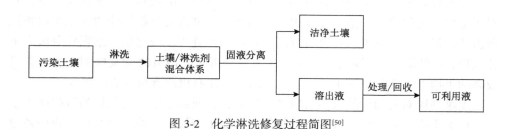

图 3-2　化学淋洗修复过程简图[50]

3. 影响因素

　　表面活性剂用于污染土壤治理时主要用作淋洗剂、螯合剂等，其淋洗效果受表面活性剂增溶能力的影响较大，影响增溶能力的因素也就影响了表面活性剂对污染物的去除能力。

1）表面活性剂浓度（用量）

　　表面活性剂在形成胶束后，其增溶作用才能较好地体现出来，当表面活性剂浓度大于 CMC 且在一定浓度范围内时，污染物在水中的表观溶解度随表面活性剂浓度的增大而线性升高。如试验条件相同时，8 mmol/L 的 SDS 溶液比 4 mmol/L 的 SDS 溶液对正构烷烃的去除率高 65%[57]。

2）pH

　　土壤溶液一般显负电性，因此 pH 能显著影响污染物在土壤颗粒或离子型表面活性剂上的吸附：中性或弱碱性条件下，表面活性剂在介质上的吸附量较小。一定范围内，吸附量随 pH 增大而减小；pH 升高时，体系碱性增强，影响甚至改变了土壤表面结构及其电化学特性；碱性成分还能与土壤中的酸性物质反应生成具有表面活性的化合物，因而有利于油类物质的增溶与洗脱。

3）无机盐

　　无机盐有利于表面活性剂增溶污染物，并降低污染物在土壤中的吸附，因而强化了表面活性剂对污染物的去除。其原因在于电解质压缩双电层，使胶束表面排列更致密，从而降低了界面张力，提高了增溶能力。对离子型表面活性剂，无机盐还能降低其临界胶束浓度。

4）土壤性质

土壤性质主要指土壤自身的性质、土壤粒径与土壤有机质含量。土壤对有机物的吸附容量是一定的，土壤有机质含量增加时必然影响其对有机物的吸附，从而弱化治理效果。土壤粒径分布则会影响表面活性剂的吸附：土壤颗粒越细，其对污染物的吸附越强，治理难度更大。因此建议淋洗时只投加能清洗土壤粗颗粒所需的剂量；对土壤细颗粒进行分离后再进一步处理。或将粗、细颗粒分级后单独处理，以便提高治理效果。土壤粒径分布接近时，TX-100 更易吸附在黏粒含量较高的土壤上，此类土壤中，粒径大小的影响比有机质含量的影响更大。

土壤性质对石油烃的吸附有较强的影响：粉质黏土中，石油烃的吸附能力最强；砂类土中，石油烃的吸附能力最弱。即使土壤性质一致，混合污染物中各组分的去除率也不同：石油烃中各组分在土壤中的扩散能力与芳烃的分子量和环数有关，分子量越大，环数越多，扩散速率越小。如在同种质地土壤研究石油烃的迁移规律时发现，石油烃组分的碳原子数增加，迁移能力下降；但土壤对石油烃的吸附能力增强[58]。

5）液固比

液固比是指淋洗液与污染土壤的质量比，它影响表面活性剂胶束与土壤中的有机污染物接触的程度，进而影响其解吸能力。增大液固比意味着溶液中参与洗脱作用的表面活性剂增多，且与污染土壤的接触更加充分，有利于污染物从土壤中释放，从而提高淋洗去除效率。在适当范围内，提高液固比会提高污染物的洗脱率，但比例过大洗脱率的增加随之减缓，同时导致淋洗液使用量增多，不利于修复成本的控制。

6）淋洗时间

淋洗时间决定表面活性剂与土壤中有机污染物的接触时间和对污染物的增溶效果。研究表明在一定条件下，淋洗时间与修复效果正相关。延长淋洗时间有利于有机污染物的去除，但同时也增加了处理成本，因此应根据可行性实验、中试结果以及现场运行情况选择合适的洗脱时间。

综上可知，表面活性剂用于污染土壤治理的技术已得到广泛关注。治理结果则与表面活性剂特性、污染物种类与特性、土壤质地、操作条件等有关。然而由于污染物的多样性与复杂性、表面活性剂种类的丰富性以及土壤种类、粒径与地层的多变性，叠加操作条件后，影响污染土壤治理效果的因素更是错综复杂。即使同一表面活性剂体系，应用于不同地块的土壤，甚至是同一地块不同地层或粒径的土壤，处理效果也可能有变化。因此，表面活性剂用于污染土壤治理的理论研究和工程应用前景广阔，但任重道远。

3.1.2 重金属污染物修复材料及技术

1. 基本原理

重金属污染是土壤无机污染中最常见的一种类型。我国原环保部、国土资源部联合发布的《全国土壤污染状况调查公报》显示，全国土壤总的超标率为16.1%，其中轻微、轻度、中度和重度污染点位比例分别为 11.2%、2.3%、1.5%和 1.1%。污染类型以无机型为主，有机型次之，复合型污染比重较小，无机污染物超标点位数占全部超标点位的 82.8%。公报显示，镉、汞、砷、铜、铅、铬、锌、镍 8 种无机污染物点位超标率分别为 7.0%、1.6%、2.7%、2.1%、1.5%、1.1%、0.9%、4.8%[47]。

绿色增溶脱附与地层强化渗透技术可有效去除土壤中污染物，一是化学层面，污染物与淋洗液结合后通过可能发生的解吸、螯合、溶解或固定等化学反应，从而将污染带离去除；二是物理层面，利用淋洗剂冲洗，带走土壤中的重金属污染物[48]。按照修复场所可分为原位修复和异位修复两种方式。土壤原位淋洗技术是通过选取特定的淋洗液，将其注入待修复区域，并使其不断向深部土壤下渗，淋洗至地下水层，与污染物质充分溶解结合，再将带有污染物的淋洗液从地下水中抽出并处理回收，实现对土壤的修复治理。故在原位处理技术当中，需要根据场地的地质特点、工程需求等确定出合适的淋洗液注入点以及抽提点[59]。异位淋洗技术是指将受污染的土壤挖掘出来，通过预先筛分处理，去除超大的组分，将土壤按规格分为粗、细两种材料，利用淋洗剂进行清洁、去除污染物。该方法能轻易去除土壤颗粒大于 9.5 mm 的砾石和颗粒。异位淋洗技术通常用于污染土壤的预处理，以减少土壤方量，在实际工作中，还与其他修复技术结合使用[60]。

相对于异位淋洗，原位淋洗修复技术可省去土壤挖掘、运输等过程，可操作性更强。相比于淋洗方式，淋洗液试剂的选择是整个淋洗技术中最为关键的一个环节。常用的淋洗剂有无机淋洗剂、有机酸、人工螯合剂和表面活性剂等几种类型。通常要根据污染物的性质来进行选择。

无机淋洗剂为酸碱等无机化合物，它们能够通过酸解、离子交换等作用破坏土壤表层官能团与重金属形成的络合物。常用的无机淋洗剂有 HCl、H_2SO_4、$FeCl_3$ 和 $CaCl_2$ 等溶液。其中 HCl 和 $FeCl_3$ 溶液处理效果最好。然而，无机酸的酸性会使得土壤本身的性质遭到破坏[61]。

有机酸主要是通过与重金属络合促进难溶态重金属溶解，增加重金属从土壤中的解吸量。常用的有机酸有柠檬酸、苹果酸、草酸、丙二酸等。有机酸对土壤中重金属去除能力较好，酸性温和，生物降解性好，有较好的应用前景[62]。

人工螯合剂主要是通过螯合剂的强螯合作用，将重金属从土壤中解吸出来，然后与自身形成稳定的螯合体，从而从土壤中分离出来[63]。目前，常用的人工螯合剂主要有乙二胺四乙酸（EDTA）、二乙烯三胺五乙酸（DTPA）、(S,S)-乙二胺-N,N-二琥珀酸三钠盐（EDDS）等。EDTA 是研究和使用最广泛的，其在较宽的 pH 范围内不仅能够螯合土壤吸附的重金属（特别是 Pb、Cd、Cu 和 Zn），还能溶解不溶性的金属化合物，已被证明为最有效的螯合提取剂[62]。

表面活性剂是加入后可改变溶液体系的界面状态的一类物质。根据极性基团的解离性质，可分为阳离子型、阴离子型、非离子型和两性表面活性剂。

其中阳离子表面活性剂去除土壤重金属的机理如图 3-3 所示，其去除土壤重金属的机理本质上是使土壤表面性质发生改变，土壤中的重金属与阳离子表面活性剂之间发生离子交换作用，将重金属从土壤中置换出来并转移到淋洗液中得到去除[64]。但由于阳离子表面活性剂和重金属离子间发生置换作用，会使阳离子表面活性剂大量吸附到土壤当中，从而造成二次污染。

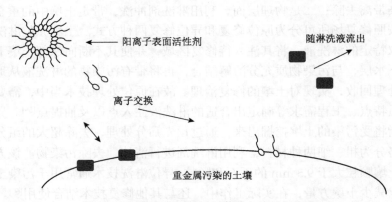

图 3-3 阳离子表面活性剂淋洗土壤的机理[65]

阴离子表面活性剂去除土壤中重金属的机理为通过吸附作用将其吸附到土壤颗粒表面，由于土壤颗粒表面上的阴离子表面活性剂能与土壤颗粒中重金属之间发生络合反应，从而使重金属与土壤颗粒分离进入土壤淋洗液中，进而去除土壤中重金属[64]。

生物表面活性剂去除土壤中重金属的机理是表面活性剂与重金属离子间相互结合，如图 3-4 所示。首先生物表面活性剂吸附到土壤表面，之后由于重金属离子与有机分子间具有一定的亲和性，生物表面活性剂与土壤颗粒上的重金属离子相互作用，使其离开土壤颗粒表面，并形成一个复杂的胶束。由于胶束的形成，同时阻止了溶液中的重金属离子重新结合到土壤中[66]。

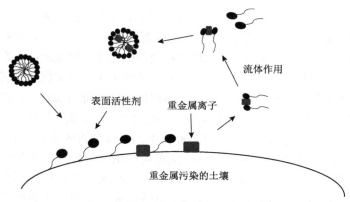

图 3-4　生物表面活性剂淋洗土壤的机理图[65]

2. 系统构成和主要设备

　　绿色增溶脱附与地层强化渗透技术即土壤淋洗技术是在污染现场通过渗流池、注入井的方式直接投放水或能促进土壤环境中重金属污染物溶解、迁移的淋洗液，见图 3-5，让淋洗液在重力、水头压力及其他方式的作用下渗流通过污染土壤区域，根据污染区域在土层中分布的深度和位置，最后利用抽提井或收集沟等方式收集带有污染物的淋洗液，并送到污水处理厂进行处理，将处理后的淋洗液回收再利用[67]。

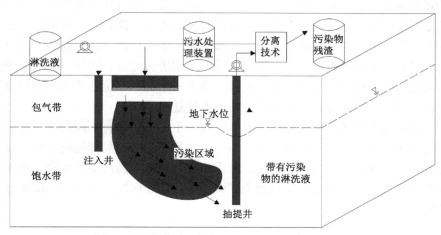

图 3-5　原位淋洗法修复重金属污染土壤示意图[67]

　　该系统由淋洗剂投加、土壤下层淋出液收集、淋出液处理和淋出液再生完成这四部分组成[68]。淋洗剂投加方式有灌溉、沟渠或挖掘、喷淋等，采用何种方式取决于污染物在土壤中所处的深浅位置。土壤下层淋出液的收集可通过梯度井或抽提井等方式实现。淋出液的处理可通过化学沉淀或离子交换实现。对重金属污染的土壤清洁完成后，一般淋洗液中既有可溶性的重金属物质也含有游离态的金属离子。因此，在对淋洗液的最后处理中可利用电化学法将金属离子在阴极形成金属单质，在阳极形成螯合剂后进行回收利用。还可采用沉淀法将金属转化为氢氧化物或者硫化物等沉淀后再分离[69]。再生的淋出液可同新鲜的洗涤剂再次注入污染土壤中而得到循环使用。原位淋洗技术无需开挖大土方量土壤，操作较为简单，特别适用于多孔隙、易渗透的土壤，但其若操作不当，很可能造成地下水污染[62]。

近年来国内一些研究者对原位淋洗法现场应用时的处理系统和淋洗方法提出了一些改进措施。李璐等[70]提出了一种污染土有组织渗流原位强制净化方法，该方法通过渗流明渠将工程场地划分成多个淋洗单元，克服了污染场地现场土体性质差异大而造成淋洗效果不稳定的不足；开挖方式为分层开挖，缩减淋洗溶液垂直渗流距离，尽可能地减少了漏淋洗区域和渗流空白区域，使淋洗更加充分。张海秀等[71]公开了一种原位多层水平井淋洗土壤修复方法和装置，在污染土壤地块中开挖多层水平井，同时在污染土壤地块下方地下水的下游处设垂直井，分层淋洗增大了淋洗剂与污染土壤的接触面积，提高了去除土壤中可移动性重金属离子的可能性，可有效提高对土壤中重金属的淋洗效率。刘晓月等[72]发明了一种三维井淋洗联合稳定化原位修复重金属污染土壤的方法，在重金属污染土层内部布设多层三维井，且在底部设置一层渗透吸附层，淋洗完成后，通过各层三维井向重金属污染土层内部注入稳定剂和黏土水泥浆，进行稳定化固化处理。三维井的设置能够实现重金属污染土层横向和纵向的同时淋洗，并且该发明将原位淋洗法与稳定化固化法相结合，大大提高了重金属的去除效率。张辉等[73]发明了一种重金属污染土壤化学联合淋洗修复方法，在重金属污染原场地，将待处理的污染土壤筑堆，用淋洗剂进行喷淋，接着将喷淋后的土壤进行筛分，转移到反应釜中进行搅拌强化反应，最后进行水土分离处理，该方法结合了原位淋洗法和异位淋洗法的优点，提高了重金属的去除效率，缩短了修复时间。

由于现场污染场地土壤性质的差异，现场土壤往往具有不同的渗透系数，致使淋洗剂在土壤污染区域的渗流速度不一样，很容易导致局部污染土壤中重金属的去除效率差或渗流空白区。所以，考虑结合其他重金属污染土壤修复技术，研究如何让淋洗剂均匀地渗流通过污染区域，确保污染区域整体的高去除率是很有必要的[67]。

3. 影响因素

影响淋洗效率的因素有土壤的性质、重金属的性质、工艺操作条件。土壤的性质包括质地、有机质含量、阳离子交换容量等。重金属的性质包括种类、存在形态等。工艺操作条件包括淋洗剂的种类、淋洗剂的浓度、淋洗时间、pH 等[74]。

1）土壤的性质

土壤渗透性对淋洗修复效率影响较大。土壤淋洗适合的土质为沙壤土，如果黏土含量过高则会对修复效果造成不利影响。原位土壤淋洗修复技术适用于水力传导系数大于 10^{-3} cm/s 的多孔、易渗土壤，异位土壤淋洗修复技术适用于土壤黏粒含量低于 25%的土壤。土壤 pH 值和阳离子交换能力等化学特性，影响污染物特别是重金属离子的可溶性和迁移性，而且 pH 值还会随反应过程的进行发生改变，需要及时调节。土壤的温度、含水量、pH 值等物化性质将会影响淋洗效果，而土壤中总有机碳（TOC）会影响污染物的分布，进而对修复工作造成影响[61]。

2）重金属的性质

污染场地的土壤多为复合型污染土壤，土壤中含有多种重金属。重金属种类不同，与土壤的结合力不一样。重金属含量越低，与土壤结合得越紧密，从而淋洗效率越低。此外，重金属的形态与活性、淋洗效率密切相关。土壤中重金属主要以有机态、可溶态、交换态和残渣态形式存在，重金属主要是通过前 3 种形态（即通常所说的重金属有效态）对环境造成污染，而通过土壤淋洗能有效地去除这 3 部分结合的重金属。以残渣态形式结合的重金属，其生物有效性非常低，环境风险也较低，同时去除难度较大。因此，土壤淋洗的重点应放在去除以有效态形式存在的重金属上[74]。

3）工艺操作条件

针对不同污染程度和类型的污染场地土壤，优化淋洗条件有助于实现提高污染物去除率，同时兼顾修复成本。通常需要优化的淋洗条件包括淋洗剂种类及用量、淋洗温度及 pH 值、淋洗时间、土液比等。①针对污染物质和污染程度选择相应的淋洗剂，在此基础上确定最佳操作条件。②淋洗剂用量的选取应综合考虑目标金属的去除效率和淋洗过程中常量元素的淋出特征，从而确定适宜的淋洗剂用量。③淋洗温度会影响土壤中重金属的去除效率，通常温度越高，污染物溶解量越大，从而越有利于重金属的去除。但温度并不是越高越好，过高反而会使表面活性剂的增溶空间减少，降低增溶量；土壤重金属体系的吸附状态和螯合平衡受淋洗剂 pH 值影响，如氢氧化物和碳酸盐结合态重金属更易被较低的 pH 值溶解。故应根据淋洗剂性质和重金属污染物性质选择适宜的淋洗温度及 pH 值。④淋洗剂不同对土壤的反应平衡时间不同。应在保证重金属淋出效率的同时，选择合适的淋洗时间，若时间过长，不仅导致处理费用增加，油水还可能形成乳化液，不利后续废液处理和回用。⑤单位质量污染土壤所加入的淋洗液量的增多，一般会提高污染物的去除率，但是过多不仅会造成浪费还可能改变土壤的理化性质[62]。

3.1.3　技术要点分析

　　土壤淋洗法可处理重金属、有机物、氰化物、石油及其裂解产物、半挥发性有机物和农药等多种污染物，适用范围广泛、操作过程简单是它的一大优势，这也是该项技术被广泛用于工程当中的原因。同时该技术可以在同一片污染区域内添加不同的淋洗剂，达到同时、快速处理多种污染物的效果，修复彻底且永久。并且，与其他土壤修复技术相比，淋洗法去除效率更好、效果更好，可在总量上减少重金属的污染并带离场地，故不需要对修复地块进行长期监测，是一种方便高效的处理手段。其次，淋洗法在应用上十分灵活，可单独应用，也可作为其他修复方法的前期处理技术；可原位也可异位，可现场修复也可离场修复。这些优势使得土壤淋洗法比常见的土壤固化/稳定化方法、生物修复方法在应用方式上更加灵活、多样[61]。

　　虽然原位土壤淋洗方法的优点很多，但在淋洗过程中如果操作不当，就可能会对地下水造成二次污染，增加处理成本。同时，土壤质地对淋洗法的使用有较大的限制，当场地土壤中黏壤土的含量大于 30%时，其渗透性不强，会导致淋洗剂不能与污染物充分混合，淋洗效果不佳，故此时需要在处理工艺上多一步对于土壤质地的处理，如破碎、水力旋流、添加特殊淋洗药剂等，需要增加处理成本。并且，一些淋洗剂可能会引起土壤 pH 值的改变以及土壤肥力的下降，例如无机溶液，这是因为在淋洗时药剂会将土壤中的一部分其他矿物元素洗脱出去。酸性淋洗剂效率高，但对土壤性质的破坏力也很强，并且酸性淋洗剂也会引起土壤 pH值的改变[75]。一些种类的淋洗剂具有生物降解性差的特点，例如人工螯合剂和人工合成表面活性剂，在使用时可能会对土壤中的植物和微生物造成较大的毒害，土壤的质地和肥力也会受到影响，并且其价格昂贵，经济效益较低[61]。

　　综合目前国内的土壤淋洗修复技术现状，此技术还有很大的完善前景。首先是对于修复处理后淋洗液的回收处理，其次是对于天然可降解并无污染的淋洗剂的选择，以及如何避免在原位淋洗模式中可能产生的对地下水的二次污染。综合来看，淋洗剂中的天然有机酸、生物表面活性剂等具有很好的研究与应用前景。但想要更大限度地发挥土壤淋洗技术的优势及作用，而降低其危害性，避免过程中可能存在的二次污染，就必须加大力气开展淋洗液的优化调整，研发出更加环保低廉的单一或复合淋洗液。同时，在有些实际应用当中，单一采用某种土壤污染修复技术，难以达到完全治理修复的效果。因此，多种修复技术相结合的联合修复技术成为重金属污染土壤修复领域的研究热点和发展方向。要开发绿色淋洗剂是淋洗技术的发展方向，且与其他修复技术联用有望取得更高效的修复效果。

3.2　高传质缓释氧化还原降解材料与技术

3.2.1　有机污染物修复材料及技术

1. 基本原理

随着城市化和工业化进展的不断加快，土壤及地下水污染日益严重，土壤及地下水有机污染物主要包括有机农药、石油烃类、塑料制品、染料、表面活性剂、增塑剂、阻燃剂以及抗生素等。其中一些农药和化工产品属于对人类健康危害较大的持久性有机污染物。它们具有毒性高、难降解等特点，在有机污染物沿食物链传递和迁移的过程中，不仅可在植物体中积累，还可通过食物链富集至动物和人体中，对人体健康和生态安全造成危害，亟须得到解决[76]。多数有机污染物都具有较为严重的生态污染程度，而且表现为较大的污染修复处理难度。这是由于，渗入土壤与水系统内部的有机物质很难被察觉，处于累积状态的有机污染源就会造成非常显著的生态污染后果，客观上增大了区域生态污染的潜在安全威胁。在目前的环保领域实践中，环境监管部门正在全面增强查找与修复有机污染生态系统的力度，修复有机污染生态系统的基本目标就是要保护附近居民的安全与健康，恢复良好的生态环境运行状况[77]。

目前，污染土壤及地下水的治理主要分为物理修复技术、化学修复技术和生物修复技术等[78]，化学修复技术相对于其他修复技术来说是发展最早的，其特点是修复周期短。基于修复材料的氧化还原修复技术是通过原位注入或异位添加等方式，利用氧化剂和还原剂对受污染土壤及地下水进行化学处理，将土壤或地下水中的有机污染物转化为无毒或毒性相对较小的物质，从而达到修复土壤的目的。然而，土壤介质流动性大，黏度较大，传统的降解材料难以传输，同时，传统的原位化学修复技术虽然可以在短时间内降解到安全范围内，但污染物的持续释放使得污染场地在修复后会存在污染物浓度易反弹，污染羽扩散难以控制等问题[79]，需要多次投加修复试剂，造成修复效率低，修复成本高，并且难以达到完全修复的目的。因此，基于高传质缓释氧化还原降解材料的修复技术在土壤及地下水修复领域已经取得了广泛的兴趣。高传质缓释的开发可以使污染物的缓慢释放得到解决，从而控制反弹现象，实现污染羽的长期控制和修复。

本文通过文献调研，为高传质缓释材料在污染土壤及地下水中的应用提供了参考。目前，利用高传质缓释材料原位修复土壤及地下水污染场地主要分为原位还原修复技术[80]和原位氧化修复技术[81]。

　　原位还原修复技术无需添加氧化剂，作用时间长，可以很好地控制污染羽的扩散。原位还原修复技术主要是可渗透反应墙技术（PRB），PRB 的概念相当简单，一个可渗透反应墙的材料包括永久性的、非永久性的或者可替换的反应介质。这些介质被放置在受污染地下水羽状体流动的方向上，因为流动必定穿过它，尤其是在自然梯度下，因此创造出一种被动的处理方法。当羽状体流过反应材料时，反应发生，去除污染物并余下少量无毒且稳定的副产物。PRB 不仅仅是地下水的栅栏，也是污染物的栅栏。PRB 的可渗透性高于周围蓄水层的可渗透性，因此污染物可以在不影响地下水水文地质的条件下通过流动而被去除[82]。该技术以其以无需外加动力泵输送、检测和维护的要求不高、对场地干扰小、污染物暴露率低、对多种污染源具有良好的处理能力的优势，被广泛应用于国内外土壤及地下水的控制和修复[83]。PRB 技术的主要原理是在地下安装与水流垂直方向的反应介质墙来拦截污染物羽状体，当污染羽状体通过反应墙时，污染物在可渗透反应墙内发生沉淀、吸附、氧化还原、生物降解等作用得以去除或转化为无毒物质，是一种用于污染地下水原位修复的创新技术。

　　PRB 中的反应介质主要是零价铁（ZVI）、活性炭及无机矿物（石灰石、沸石和磷灰石等），其中，ZVI 是使用最为广泛的反应介质，利用 ZVI 的高反应活性还原降解有机污染物，并通过吸附絮凝等物理作用，最终实现土壤及地下水的综合治理[84]。尽管 ZVI 修复效果佳，但在实际应用时，一方面 ZVI 固有的问题，如易氧化易团聚，迁移性较差；另一方面 ZVI 及其衍生材料与污染物反应后将导致水体 pH 值急剧上升并发生团聚、失活等问题[85]，还会造成 PRB 堵塞等[86]，使得基于 ZVI 的原位还原氧化技术仍然存在很大的发展空间。近年来，学者对 ZVI 改性修饰提出了许多想法和建议，如通过固体材料（纤维素、壳聚糖、聚丙烯酸、沸石等）负载纳米零价铁粒子的复合材料来克服零价铁易钝化失活、流动性差的问题，或将具有一定的溶解性的材料（氢氧化镁、氢氧化铝和氢氧化钙等）或多孔外壳材料（二氧化硅等）用于纳米零价铁的涂层材料来改善零价铁的缓释性能和团聚现象。因此，为进一步改善其分散性并防止其聚集、降低渗透损失率，可通过表面修饰、金属改性、封装负载等方式对材料进行改性。

　　原位化学氧化技术（in-situ chemical oxidation，ISCO）主要原理是在需要修复的土壤及地下水施加反应条件并且投放相应化学试剂，从而有效处理并解决土壤及地下水中的有机物污染问题[87,88]。目前原位化学氧化技术已经相对成熟，经常被用于修复石油烃、BTEX（苯、甲苯、乙苯、二甲苯）、酚类、MTBE（甲基叔丁基醚）、含氯有机溶剂、多环芳烃、农药等所造成的土壤及地下水有机污染场地。化学氧化剂是一种具有高度反应性的非选择性化学物质，能够产生自由基，降解有机污染物。常见的氧化剂包括高锰酸盐、过氧化氢、芬顿试剂、过硫酸盐和臭氧。修复材料被注入污染区域后化学氧化剂会迅速反应，以氧化和分解地下污染物。尽管原位氧化修复技术效果很好，但在实际场地应用中仍存在一些缺陷，主要包括：①氧化剂稳定性差，半衰期短，特别是臭氧和过氧化氢容易发生自分解；②过快的反应速率会降低氧化剂的利用率；③修复材料和氧化剂很难进入低渗透区，造成分散不均，污染羽不容易受控制[89]。高传质缓释材料具有特定的释放效果和更好的流动性，能够在较长的时间内保持活性组分的稳定缓慢释放，降低污染物的毒副作用，同时修复区域更广，可以很好地控制污染羽，因此广泛应用于地下水有机污染原位氧化修复。

2. 系统构成和主要设备

原位还原修复技术中的地下水修复 PRB 技术按结构类型不同主要可分为 4 种结构：连续反应墙式、漏斗-导水门式和注入处理带式以及单元反应式。4 种类型 PRB 平面示意图如图 3-6 所示。图 3-6（a）为连续反应墙式 PRB，其是在污染场地地下水的流径内垂直安装反应墙体，以达到修复污染水体的目的。连续反应墙式结构多采用单层的反应介质层，其原理是在地下水区域安装一堵墙体，墙体中间用含有化学、生物降解等物质的填充物填充完整，所选择安装的地下水区域需有一定的流动或渗透能力，当地下水在流动或渗透过程中，经过可渗透反应墙体后，墙体中的物质对地下水产生降解、沉积和吸附等作用，将被污染的地下水转化为可接受的水质[90]。连续反应墙式 PRB 结构简单，设计安装简便且对天然地下水流场扰动小，常用于地下水位较浅且污染羽规模有限的场地。图 3-6（b）为漏斗-导水门式 PRB，其是由低渗透性的隔水墙漏斗、反应填料以及导水门三部分组成，且此结构主要是为了利用隔水墙控制和引导地下水流汇集后通过活性反应填料去除污染物。为了防止污染羽流渗流到未受污染的区域，隔水漏斗必须嵌入隔水层中。封闭墙体组成的隔水漏斗，引导地下水流入导水门，然后由介质材料进行处理，该 PRB 系统适用于浅水位的大型地下水污染羽流。同时，该 PRB 的隔水漏斗与导水门的安装位置也必须确定，因此，在设计时，应充分考虑污染羽流的流动方向，使污染羽流不会从侧面流出。隔水漏斗-导水门式 PRB 是将造价低廉的地下隔水墙安装在地下水流动路径内，将受污染地下水汇集到较窄的范围内，然后安装 PRB，使得地下水流经墙体，得到处理修复。隔水漏斗-导水门式 PRB 由于反应区域较小，在反应介质活性减弱或墙体被化合物沉淀、微生物堵塞时容易清除和更换[91]。因此，漏斗-导水门式 PRB 更适用于污染较严重场地。图 3-6（c）为注入处理带式 PRB，该 PRB 体系是把溶解后的介质材料通过井孔注入到含水层中，注入的溶剂与含水层介质发生反应，并包裹在含水层固体颗粒表面，形成处理带。受污染的地下水流经处理带发生反应，使污染物得以去除[92]。其主要是利用多口相互重叠的注入井，形成带状的反应区域，污染羽随着水力梯度流入主反应区，依据渗透性不同而被分组处理。因此，注入处理带式 PRB 不适用于低渗透性的含水层。注入处理带式 PRB 把溶解状态的反应介质通过井孔注入到蓄水层中。注入溶剂与蓄水层介质反应，并包裹在蓄水层固体颗粒表面，形成处理带。当污染羽状体流过处理带时，发生反应，使污染物得以去除。目前，该系统一般是用 nZVI 作为反应介质，虽然不容易发生堵塞且去除效果较好，但 nZVI 的造价昂贵以及毒性问题尚未得到解决，因此，相较于连续墙式和漏斗-导水门式应用较少[92]。图 3-6（d）为单元反应式 PRB，其是通过收集槽将污染地下水引入反应介质构建的反应器，通过反应介质将污染物去除。单元反应式 PRB 更适用于处理污染羽较宽的污染场地[93]。

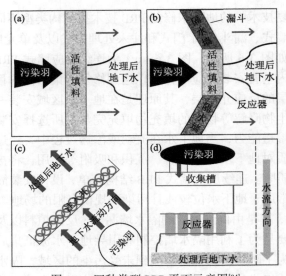

图 3-6　四种类型 PRB 平面示意图[94]
（a）连续反应墙式；（b）漏斗-导水门式；（c）注入处理带式；（d）单元反应式

　　在 PRB 技术中最为关键的是墙体内填充的反应介质，其反应活性、稳定性、成本、寿命等直接影响可渗透反应墙对污染地下水的处理效果和经济成本。PRB 主要的反应介质有零价铁（ZVI）、活性炭、无机矿物、黏土和混合反应介质。零价铁（ZVI）是最常用的 PRB 反应介质。通过零价铁与污染物之间的氧化还原、离子沉淀以及物理吸附和絮凝等综合作用，实现了对污染地下水的有效治理。活性炭是一种多孔结构的表面化学不均匀的吸附剂，表面含有不同类型官能团（如羟基、羰基、内酯、羧酸），具有高比表面积、高吸附量、良好的机械和化学稳定性、再生和再利用等优点，被广泛用于有机污染物的地下水治理[95,96]。天然矿物材料来源广泛且结构疏松，具有不同的孔结构以及较大的比表面积，对地下水中的污染物有良好的吸附能力。这类介质包括石灰石、沸石和磷灰石等，主要通过离子交换、吸附、溶解-沉淀等机理修复含有有机污染物的地下水。黏土是一种小颗粒，主要由水、二氧化硅、氧化铝和风化岩石组成，其复杂的多孔结构和较高的比表面积有利于与目标污染物发生物理和化学反应，常见的黏土类型主要包括高岭土、膨润土、凹凸棒石等。各种黏土中活性矿物成分不尽相同，对污染物的去除效率也不同，并且不同类型黏土在介质条件变化下表面电荷特性差异显著，因此在使用黏土作为 PRB 介质材料的时候应考虑这些差异。由于黏土的高吸附能力、低渗透性及强离子交换能力，能有效地防止地下水流动，黏土可被用于密封污染区域的地下水[97]。由于排放的污染物存在多样性，PRB 实际工程在应用时经常需要同时处理多种污染物，而单一型反应介质已经难以解决这种情况。将 2 种或 2 种以上不同类型的反应介质混合形成混合反应介质具有多种去除机制，可显著提高单一介质的修复效果，并且有利于解决反应介质长效性的问题[84]。

原位氧化修复技术主要是通过注入井将修复材料和氧化剂注入污染场地中，能够在横向与纵向上与污染物发生反应，对其进行修复。具体步骤如图 3-7 所示：①测定地下水污染物浓度、pH 值等参数，作为污染本底值；②进行系统设计，建设注射井、降水井及监测井；③配置适当浓度的药剂溶液，向污染区域进行注射；④药剂注射完成一段时间后，采样观察地下水气味、颜色变化情况，并对地下水污染物浓度进行过程监测；⑤连续监测达标区域停止药剂注射，污染浓度检出较高，或颜色明显异常、异味较重的区域，则增加药剂注射量或加布注射井，直至达到修复标准。注药系统如图 3-8 所示，其原理为：气动隔膜泵在空压机给出压缩空气的作用下，将储药罐里的氧化剂通过管道打入注射井中，通过观察井头所装压力表，分析药剂在井中的扩散状态，随时调节药剂注入量[98,99]。

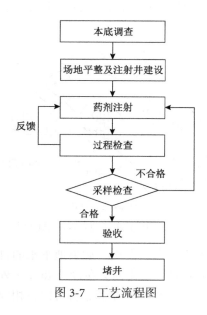

图 3-7　工艺流程图

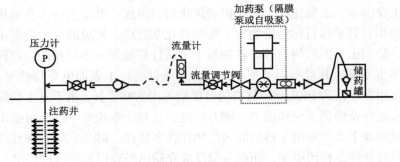

图 3-8　注药系统示意图[100]

在原位氧化修复技术中，氧化药剂的选择和输送是提升修复效果、控制工程成本等的关键。氧化剂能被以液态、固态或气态的形式输送至地下，其中以液态形式（氧化剂的水溶液）输送最为普遍，只有臭氧是以气态的形式输送。常见的氧化剂输送方法有固定井、直接推送、循环井等。固定注射井是使用频率最高的一种方式，可以对氧化剂进行多次输送。对氧化剂的多次输送，一方面是因为工程设计的需要；另一方面是为了避免完成注射后，污染物浓度出现反弹。当以下情况出现时，采用固定井也具有明显的技术优势：①需要在每个注射点注射大量氧化剂液体的时候；②需要向大于 30 m 的深度输送氧化剂的时候；③需要向坚硬地层注射氧化剂的时候。就设计参数而言，首先要考虑影响半径（radius of influence，ROI），它表示在注射点周围氧化剂可以输送到达的半径。在实际应用中，固定井的点位往往设置成网格状，网格点的大小是由相邻两注射点的设计 ROI 决定，为了避免出现注射盲区，还需同时考虑一个重叠率（图 3-9）。

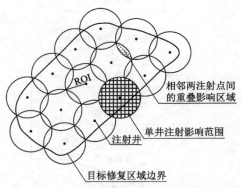

相邻两注射点间的重叠影响区域

单井注射影响范围

注射井

目标修复区域边界

图 3-9　固定井井网布设示意图[101]

井网一般垂直于地下水流方向布设。如果地下水的自然流速足够大，而且选用的氧化剂具有较好的稳定性，氧化剂会在设计 ROI 之外沿水流方向出现一段距离的"漂移"。充分利用这个"漂移"距离，就可以将相邻两网格点沿地下水流方向的距离设置得略大于垂直于地下水流方向的距离，以达到减少注射井的目的（图 3-10）[101]。直接推送就是先将带小孔或小槽的空心杆钻入至目标修复区域，然后通过提供一个合适的压力将氧化剂溶液通过杆前端的孔或槽注入地下，其相对于固定注射井具有更高的灵活性，在现场注射氧化剂的时候，一旦发现污染热点的位置随着注射的进行有了偏移后，可以根据实际情况立即对注射点位进行调整。而且当污染物分布在不同的深度段，或者其所在的位置不适合安装注射井，或者一次注射即可满足污染物去除要求，又或者节约工程投资是首要考虑因素的时候，直接推送都是优先考虑应用的氧化剂输送方法。因为结构上的差异，直接推送的注射速率和注射体积都较固定注射井偏低，因此 ROI 也偏小[101]。循环井系统是一项很有前景的氧化剂输送方法，其通过抽提井将地下水抽出并利用氧化剂修复后，再通过注射井重新注入地下的连续处理系统。抽提井一般设在地下水下游，注射井设在地下水上游[101]。这样可以充分利用自然流场对氧化剂分布的促进作用；循环井系统也可以垂直于地下水流方向设置。在一些特殊的情况下，利用循环井注射氧化剂具有明显的优势：①需要将氧化剂输送至低渗透性含水层；②需要通过连续补充氧化剂的量来增加其与目标修复区域的接触范围（向低渗透性区域扩散）与停留时间；③目标污染区域较大，但是将注射井点布置成网格状又不可行（现场条件不允许或者受投资所限）；④需要通过水力控制的措施防止氧化剂或者污染物扩散至目标修复区域以外的区域[101]。

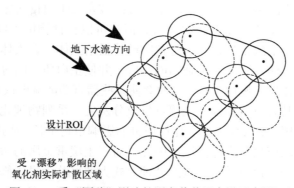

图 3-10　受"漂移"影响的固定井井网布设示意图[101]

3. 影响因素

影响原位化学氧化还原技术修复效果的关键技术参数包括反应药剂投加量、污染物类型和质量、土壤性质、pH 值和缓冲容量等。

（1）反应药剂投加量：药剂的用量由污染物药剂消耗量、土壤药剂消耗量、还原性金属的药剂消耗量等因素决定。此外，由于原位化学氧化还原技术可能会在地下产生热量，导致土壤和地下水中的污染物挥发到地表，因此需要控制药剂注入的浓度和速率，实时监测药剂注入过程中的温度和压力变化，避免污染物挥发造成扩散的现象。

（2）污染物类型和质量：不同药剂适用的污染物类型不同，一些氧化剂可能对污染物具有选择性降解，因此需要根据实际污染情况选择合适的药剂。另外，如果存在非水相液体（NAPL），注入药剂中的氧化剂只能和溶解相中的污染物反应，因此会影响修复效率。

（3）土壤性质：注入的药剂在非均质土壤中更倾向于走快速通道，难以接触到全部处理区域，因此均质土壤更有利于药剂的均匀分布。同样，由于注入的药剂难以穿透低渗透性土壤，在修复工程完成后，未得到处理的区域依旧会释放污染物，从而导致污染物浓度反弹，所以高渗透性土壤有利于药剂的均匀分布，更适合使用原位化学氧化/还原技术，并且采用高传质缓释型药剂可以来减轻这种反弹。

（4）pH 和缓冲容量：pH 和缓冲容量会显著影响药剂的活性，药剂在适宜的 pH 条件下才能发挥最佳的化学反应效果。有时需投加酸可以改变 pH 条件，但也可能会导致土壤中原有的重金属溶出。

3.2.2 重金属污染物修复材料及技术

1. 基本原理

重金属通常指的是 Ni、Pb、Cr、As、Cu、Zn、Al、Hg 等密度 $> 4.5 \ g/cm^3$ 的金属。重金属在环境中很难被生物降解，但却可以在食物链生物的放大作用下，可以实现百倍、千倍的富集，并通过食物链传播给人体。在人体中，重金属可以与体内的蛋白质、酶等物质产生强烈的反应，并使蛋白质、酶等失去活性，久而久之就会导致人体发生慢性中毒，进而会使某些器官功能减弱或出现病变[102]。重金属进入土壤，其有效量随即与土壤背景成分发生一系列物理化学反应，形成不同形态存在于土壤中，改变土壤理化性质进而影响植物生长，或通过生物链累积、放大，严重危害动植物和人体健康。因此，对于土壤重金属的污染修复要在掌握其在土壤中形态的前提下进行，按照处理方式大致可分为异位修复法和原位修复法。异位修复法是移动与挖掘已经受重金属污染的土壤，在一系列运输之后实施有效治理操作，完成土壤重金属污染现象的修复任务。原位修复法的原理主要是通过金属离子的络合、沉淀、氧化还原和吸附反应将其固定/稳定在土壤中，使其改变形态或降低活性和毒性成分比例。

就铬而言，铬在土壤中主要以 Cr(Ⅲ) 和 Cr(Ⅵ) 的形式存在，铬的毒性主要来自 Cr(Ⅵ)，通常认为 Cr(Ⅵ) 比 Cr(Ⅲ) 的毒性要强 100 倍，且在土壤和水体中的迁移性强。因此，铬污染土壤修复常采用还原稳定化法将 Cr(Ⅵ) 还原为毒性和迁移性较低的 Cr(Ⅲ)，从而实现土壤解毒的目的，常见的还原剂有零价铁、亚铁、还原性硫系化合物、有机质等。但常规的还原剂将铬的形态转变后,在环境条件发生一定程度的改变后,易出现反弹,即 Cr(Ⅲ) 又被氧化成 Cr(Ⅵ),关键是要找到有效且长期稳定有效的药剂。

目前,关于还原法修复重金属污染土壤的研究主要集中在还原剂的筛选、影响因素、修复效果长效性等方面,且基本停留在实验室阶段。此外,关于还原稳定化法修复铬污染场地的原位修复研究,罕见报道。原位修复由于其对土壤扰动少、二次污染少、施工成本低等优点越来越成为场地修复的主流。

1）零价铁

纳米零价铁(nZVI)的尺寸为 10~100 nm,呈现核壳结构。核一般由零价铁或金属铁构成,而 Fe(Ⅱ) 和 Fe(Ⅲ) 氧化物壳是由金属铁氧化形成的。核作为电子供体来源,确保化合物的还原,而壳作为电子受体来源,促进吸附和表面络合反应。此前,有报道称 nZVI 由于其特定结构而显示出去除重金属的潜力。尽管 nZVI 在去除土壤和地下水重金属方面非常有用,但它也存在钝化、流动性有限、缺乏稳定性和团聚等缺点。

2）改性零价铁

为了克服以上遇到的问题,nZVI 可以通过采用不同的策略进行改性,例如表面改性、用不同的物质负载 nZVI 和用各种金属掺杂 nZVI。由于其高反应性和小尺寸粒径,裸露表面的 nZVI 具有易团聚和易氧化的趋势。为了解决这些问题,科学家们尝试了许多具有优异性能的涂层材料,通过涂覆稳定剂来稳定 nZVI。大多数这些涂层是阴离子或非离子表面活性剂、聚电解质和生物聚合物。表面稳定剂增加了 nZVI 的稳定性和传输性,从而提高了 nZVI 还原重金属的潜力。此外,稳定剂提供了与重金属形成络合物并有助于修复重金属离子的官能团(如羟基和羧基)。尽管使用表面改性来应对钝化层和团聚的趋势,但科学家们也相应地合成了"负载工具"来提升 nZVI 的移动性和分散能力。负载 nZVI 的"运载工具"具有高传输性和稳定性,因此通常适用于原位修复。用于制备"运载工具"的材料通常具有丰富的表面积、高度多孔性和独特的性能。用于负载 nZVI 的多孔材料包括壳聚糖、可渗透碳片、碳、羧甲基纤维素、氧化石墨烯、膨润土、海藻酸钠和生物炭等。

此外,通过采用双金属颗粒(如 Fe)作为中心金属,同时将过渡金属(Pd、Ni、Pt 或 Cu)作为 Fe 表面上的薄层沉积,可以提高 ZVI 颗粒的反应性。事实证明,这种策略对于去除重金属很有用。掺杂有过渡金属的 ZVI 表面归因于通过充当氢催化剂或反应性电子供体来提高还原率。双金属颗粒具有独特的特性,例如更快的反应动力学和更慢的腐蚀沉积,使其去除重金属的效果要优于单纯的 ZVI。

3）其他铁基材料（矿物）

由于 Fe(II)的还原能力，许多研究利用含 Fe(II)矿物对污染物进行非生物吸附和还原。近来，尖晶石铁氧体因其稳定性、巨大的表面积体积比、超顺磁性及其在环境污染物处理中的广泛应用而引起了众多科学家的关注。例如，钴铁氧体（$CoFe_2O_4$）对水中的 Cu(II)和 As(III)表现出很强的去除能力，并成功地减少了它们的毒性。FeS 是一种低成本的吸附剂，可以有效地从水介质中去除 Co(II)和 Zn(II)，同样，菱铁矿、磁铁矿和蓝铁矿由于表面积大和结合能高，可用于环境中 As(III)、Cr(II)、Cu(II)和 Zn(II)的大量去除。

根据上述研究可知，原位修复主要是将土壤中的重金属固化以降低其离子活性和生物毒性，具有生态环境亲和度较高和对本底土壤的影响小等特点。文献研究表明，累积性土壤重金属污染大多考虑采用原位修复方法。

2. 系统构成和主要设备

利用各种监测手段对污染土壤和地下水进行重金属现状监测，根据监测结果，针对不同的重金属特性，进行修复方案研究，筛选出最佳的修复材料，并经过试验研究，确定修复技术参数、工程参数等。

根据制定的修复方案，选择相应的工程机械，在技术人员指导下进行修复工程的实施。通过在污染区设置不同深度的钻井，如图 3-11 所示，然后通过钻井中的泵将修复材料注入受污染的土壤和地下水中，使重金属与修复材料发生氧化还原反应，实现使重金属降解或转化为低毒、低迁移性产物。

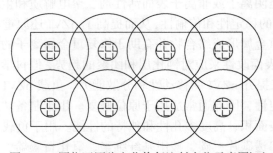

图 3-11　原位还原稳定化修复注射点位示意图[100]

3. 影响因素

应用纳米颗粒（NPs）对重金属（HMs）污染物进行原位还原修复时，不仅要考虑修复材料的类型，还要考虑外部因素对修复材料颗粒-金属离子相互作用的影响，因为外部环境条件是影响土壤和地下水中重金属分布的主要因素。以下将讨论几个重要的环境因素，如酸碱度（pH）、有机物（OM）和氧化还原电位（ORP）

对修复效果的影响。

1）酸碱度

溶液 pH 在 HMs-nZVI 相互作用中起着至关重要的作用。例如，nZVI 被 pH 腐蚀，会影响 nZVI 对寿命和对目标污染物的反应性[81]。在较低的 pH 值下，会消耗更多的 OH^-，这使得反应迅速并利用更多的 nZVI。此外，pH 值会影响 nZVI 的表面电荷和质子化，这会强烈影响 HMs-nZVI 的相互作用。Feng 等报道[103]，pH 通过影响磷灰石表面和重金属离子之间的静电吸引力来影响纳米磷灰石基材料（nHAp）的吸附能力。他们观察到 nHAp 对 Zn(Ⅱ)和 Cd(Ⅱ)的吸附随着 pH 从 4.0 增加到 8.0 而增加。此外，pH 值影响重金属的形态，从而影响 HMs-NPs 之间的相互作用。因此，在使用 NPs 修复 HMs 时，不应忽视 pH 值的重要性。

2）有机物

有机物（OM）是土壤和水的重要组成部分，它也已被证明会影响 nZVI 的反应性。Wang 等[104]报道 OM 增加了有机化合物的溶解度，并与 HMs 和其他有机化合物形成络合物，从而导致 ZVI 钝化。腐殖酸和富里酸是 OM 的基本代表。它们会强烈吸附在 nZVI 颗粒上，并且还与 HMs 竞争反应位点，这会降低 nZVI 的反应性。同样，OM 与 nZVI 表面存在稳定剂竞争，也会影响 nZVI 的尺寸和稳定性。OM 和 HMs 形成了一种金属络合物，可以改变金属的基本性质并影响金属的吸附/固定能力。此外，OM 的降解导致沉积物的 pH 值下降，从而影响 OM-金属离子和 OM-NPs 的反应。与此相反，许多研究表明，OM 与 HMs 的固定化呈正相关，因此 OM 降低了金属的生物利用度和毒性。从讨论中可以推断出，OM 对每种纳米材料和 HMs 离子的影响并不相同，在使用具有目标的纳米材料修复受 HMs 污染的环境时，应该充分考虑这一点。

3）氧化还原电位

OPR 在各种 HMs 的迁移、生物有效性、化学形态和毒性中起着至关重要的作用。因此，沉积物氧化还原电位也是控制 Cr、Se、Co、Pb、As、Ni、Cu 等多种元素迁移和毒性的重要因素[105]。nZVI 固定污染物的性能也受到 OPR 的影响。

4）共存的阳离子和阴离子

一些研究已经报道了共存的阳离子（Ca、Mg、Fe 和 Zn）和阴离子（PO_4^{2-}、HCO_3^-、SO_4^{2-} 和 NO_3^-）会干扰 Fe 基 NPs 对 HMs 的吸附/还原能力。Fan 等[106]报道共存的阴离子可以在吸附过程中与目标污染物竞争，从而影响污染物的去除率。Zhu 等[107]研究了 SO_4^{2-}、NO_3^-、HCO_3^- 和 CO_3^{2-} 等共存阴离子对 nZVI/Ni 双金属材料去除 Cr(Ⅵ)的影响。这项工作表明 NO_3^- 对 nZVI/Ni 吸附 Cr(Ⅵ)的影响不显著，而 SO_4^{2-}，HCO_3^- 和 CO_3^{2-} 对 Cr(Ⅵ)的去除表现出较弱的抑制作用。研究者认为，这些阴离子与目标污染物竞争反应位点吸附在吸附剂表面。Zhu 等[108]合成并应用 nZVI 和活性炭（nZVI/AC）去除 As(Ⅴ)/As(Ⅲ)。据观察，nZVI/AC 显示出吸附 As(Ⅴ)/As(Ⅲ)的潜力，而 Fe(Ⅱ)抑制了污染物的去除率。相比之下，Ca(Ⅱ)和 Mg(Ⅱ)离子对污染物的吸附表现出良好的效果。这些结果表明，共存阴离子对 HMs 吸附的重要性。然而，与 pH 值相比，共存的阴离子重要性较低。

5）其他因素

除了上述环境因素外，还有其他一些影响较小的因素。例如 nZVI 的尺寸、表面积，包括它们的类型和浓度、温度和接触时间也会影响 HMs-NPs 的相互作用。在不同的重金属污染土壤修复中，纳米材料往往会表现出不同的固定或去除效果，同时，土壤中各重金属的含量也会对纳米材料的修复效果产生一定影响。通过研究降低土壤中有效态 Zn 和 Cu 中改性纳米炭黑的作用效果发现，将改性纳米炭黑应用在重金属污染土壤修复中，能够有效降低土壤中的有效态 Cu 而不是有效态 Zn。不同的纳米材料也会对土壤中重金属产生不同的修复效果。与此同时，修复土壤中重金属的效果会受纳米材料施加量的影响。一般来说，修复土壤重金属的效果会随着纳米材料施加量的增加而增加。但在大规模的场地或农田中运用纳米材料修复重金属污染土壤时，还要考虑纳米材料对土壤中微生物、植物及纳米材料的性价比等因素。除此之外，在土壤中施加纳米材料的时间也会对重金属污染土壤的修复效果产生影响。通常，纳米材料施加时间越长，对重金属污染土壤的修复效果就越好[109]。因此，当利用 NPs 修复 HMs 污染的环境时，这些因素不容忽视。

3.2.3 技术要点分析

基于高传质缓释修复材料的原位修复技术是一种绿色、高效、具有应用前景的场地污染修复技术。高传质缓释修复材料与常规修复材料相比，应用范围广，持续有效性长，材料添加次数少，在污染场地中较稳定，环境干扰性小。经不同方法制备的高传质缓释修复材料可以针对特定污染物、特定场地的污染特征，能极大地提高原位化学氧化修复技术的修复效率，降低修复成本。

纳米材料在土壤修复中，目前已经取得了相对较多的进展，且纳米材料也表现出了较好的修复效果，未来该领域应继续加强如下方面的研究：

（1）进一步研发新的纳米材料和其改性材料，提高其对土壤中有机污染物和重金属的修复能力，同时应关注纳米材料的稳定性及生产成本的问题。

（2）提高纳米材料在土壤中的传输和扩散能力。与纳米材料修复水体有机污染物和重金属污染等相比，纳米材料在土壤中的迁移和扩散受到更多因素的影响。

应探索通过一些改性等手段，使得纳米材料在土壤中得到更好的传输与扩散，达到更好的土壤有机污染物和重金属修复效果。

（3）当前大多数纳米材料应用于土壤有机污染物和重金属修复的研究仅仅停留在探索修复效率和土壤环境中的作用效果，而对于纳米材料在修复过程中的机理研究相对缺乏。

（4）纳米材料在土壤中的环境行为及其对土壤微生物、植物等的影响。近年来，已有研究者开始关注纳米材料对高等植物、土壤微生物的生物毒性以及对含有纳米材料的土壤溶液及土壤渗滤液危害的风险评估。但这些研究仍然不够完善，特别是这些方面的长期监测与评估。

（5）目前大部分的纳米材料修复土壤有机污染物和重金属的研究都是室内研究，开发的技术缺乏田间或场地修复的验证。室内实验的结果如何推广应用到田间或场地的重金属修复，是未来需要进一步加强研究的方向。

原位固定化修复技术并非一种永久的修复措施，它只改变了重金属在土壤中存在的形态，金属元素仍保留在土壤中，仍然可能再度活化。另外，它难以大规模处理污染土壤，并且有可能导致土壤理化性质的改变、生物活性下降和土壤肥力退化等问题。此外，重金属污染土壤的修复是一个系统工程，简单依赖单一的修复技术很难达到预期效果，如何将包括原位固定化修复技术在内的多种修复技术联用从而有效提高土壤修复的综合效率是其未来发展的一个重要方向。

最后，基于高传质缓释修复材料的原位修复技术大多为实验室进行的模拟实验，缺乏相应的现场试验，考虑到实际修复场地的复杂性和不确定性，应该增加相关的现场试验，并逐步构建模范化的原位修复系统。

3.3　原位高效生物修复材料与技术

3.3.1　有机污染物修复材料及技术

1. 基本原理

原位生物修复技术是指微生物在自然条件或工程条件下，将有机污染物代谢为无机物质（如二氧化碳、水或无机盐等）的一种生物过程。其中，内在或自然衰减是常见的修复技术，即仅在自然条件下发生的代谢过程。自然衰减是一种无人为干扰、低成本的修复过程，仅适用于污染物具有生物可降解性或污染物、电子受体和微生物充分混合以使生物降解速度合适的情况[110]。

地下水的原位生物修复方法是向含水层内通入氧气及营养物质，依靠土著微生物的作用分解污染物质。目前，对有机污染的地下水多采用原位生物修复的方法，主要包括生物注射法、有机黏土法、抽提地下水和回注系统相结合的方法、厌氧处理。

1）生物注射法

生物注射法（bio-sparging）亦称空气注射法（air-sparging），它在传统气体技术的基础上加以改进形成的新技术，主要是将加压后的空气注射到污染地下水的下部，气流加速地下水和土壤中有机物的挥发和降解，如图 3-12 所示。这种方法主要是气提、通气用，并通过增加及延长停留时间以促进微生物降解，提高修复效率。以前的生物修复利用封闭式地下水循环系统往往氧气供应不足，而生物注射法提供了大量的空气以补充溶解氧，从而促进微生物的降解作用。

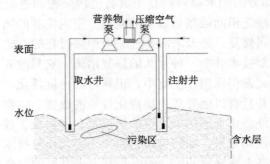

图 3-12 地下水的注射井法生物修复示意图[111]

加入营养物质的方法是将营养液通过注射井注入饱和含水层，目前还可以采用入渗渠加入到不饱和含水层或表面土层，即生物滴滤池法，如图 3-13 所示，也可以从取水井将水抽出，并在其中加入营养物质，然后从注射井注入含水层，形成循环。

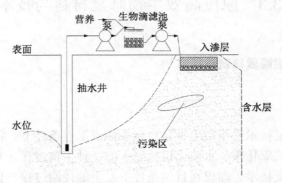

图 3-13 利用生物滴滤池进行地下水生物修复的示意图[111]

2）有机黏土法

目前又发明了一种新的原位处理污染地下水的方法，利用人工合成的有机黏土有效去除有毒化合物。带正电荷的有机修饰物、阳离子表面活性剂通过化学键键合到带负电荷的黏土表面上合成有机黏土，黏土上的表面活性剂可以将有毒化合物吸附到黏土上从而去除或进行生物降解。

3）抽提地下水系统与回注系统相结合

这个系统主要将抽提地下水系统和回注系统（注入空气或 H_2O_2、营养物和已驯化的微生物）结合起来，促进有机污染物的生物降解。在污染地区注入压缩空气和营养盐，微生物在含有营养盐的富氧地下水中通过新陈代谢作用将污染物降解，在地下水流向的下游地区用泵将地下水抽出地面，可以用其溶解营养盐后再回灌到地下水中，若需要时可对其进行进一步处理。这个系统可以节约处理费用，又缩短了处理时间，无疑是一种行之有效的好方法。

4）生物反应器法

生物反应器的处理方法是上述方法的改进，就是将地下水抽提到地上部分那个生物反应器加以处理的过程。这种处理方法包括 4 个步骤，自然形成一闭路循环。这 4 个步骤是：将污染地下水抽提至地面；在地面生物反应器内对其进行好养降解，生物反应器在运转过程中要补充营养物和氧气；处理后的地下水通过渗灌系统回灌到土壤内；在回灌过程中加入营养物和已驯化的微生物，并注入氧气，使生物降解过程在土壤及地下水层内亦得到加速进行。生物反应器法不但可以作为一种实际的处理技术，也可以用于研究生物降解速率及修复模型。近年来，生物反应器的种类得到了较大的发展。

5）厌氧处理

以上介绍的生物修复方法都是在好氧环境中进行的，事实上在厌氧环境中进行的生物修复也具有极大的潜力，目前在这方面已做了不少的研究工作。厌氧降解碳氢化合物时，微生物可以利用的电子受体包括硫酸盐、硝酸盐、Fe^{3+}、Mg^{2+}、CO_2 等。

下面介绍两种常见的应用方式。

1）零价铁微生物耦合系统

生物修复是一种很有前景的污染物修复方法，成本低，不会产生二次污染。异化铁还原菌（DIRB）是在厌氧条件下，以有机物为电子供体，利用金属氧化物作为呼吸作用的最终电子受体，并且能够将 Fe(Ⅲ) 还原为 Fe(Ⅱ) 并从而获得能量的一种微生物[112]。在自然界中，一般在厌氧条件下都会发生微生物介导的异化 Fe(Ⅲ) 的现象。因此，将 DIRB 与 nZVI 结合被认为是环境修复中极具应用前景的一种方法，异化铁还原菌（DIRB）可以利用 nZVI 钝化层中铁氧化物中的

Fe(Ⅲ)作为电子受体将其还原成可溶性 Fe(Ⅱ)，从而维持 nZVI 的活性，提高污染物的去除效率[112]。

　　ZVI 与微生物之间的交互作用能够有效促进微生物对污染物的降解，但也会以某些方式对微生物的活性产生抑制作用[42]。零价铁对微生物的促进作用主要分为两点。首先，ZVI-BIO 系统中 ZVI 可以通过改变 pH 值、ORP 等水化学条件来为微生物提供更有利的环境来增强微生物自身的代谢活性以及种群多样性[113]。Wang 等发现在 ZVI-BIO 耦合系统中，ZVI 的适量添加能促进微生物的代谢和多样性，同时外源添加的多糖能极大促进五氯酚的还原降解[114]。其次，零价铁降低了污染物的生物毒性，土壤和地下水中大多数污染物对微生物有很大毒害作用，而零价铁可以通过还原作用，快速地去除一部分污染物，使得微生物可以更好地适应毒性环境[115]。ZVI 对微生物的不利影响主要是源于其对微生物的细胞毒害作用。ZVI 表面与微生物直接接触会破坏微生物细胞膜结构，使得外部离子进入细胞内造成 DNA 和蛋白质的损害[116]。同时 ZVI 的加入生成的内源性活性氧引起细胞的氧化应激反应，使细胞蛋白质和核酸变性后造成细胞失活。但是，ZVI 对微生物的抑制作用是阶段性的，在耦合体系中，前期因为 ZVI 的毒性作用会抑制微生物的生长，但随着 ZVI 逐渐钝化在 ZVI 表面形成钝化膜，其生物毒性逐渐减弱后微生物可以恢复其活性[117]。因此，在实际应用中，调控注入 ZVI 的粒径、浓度、含量等特征参数对体系修复效率的影响至关重要。

　　2）微生物固定化载体材料

　　在微生物修复中，微生物的活性和数量对修复效果有很大的影响，但游离分散的微生物细胞往往在各种环境条件的影响下菌活性及菌密度受到抑制，并且游离的微生物细胞难以回收，限制了生物技术的工业化应用。因此，研究者开始采用固定化技术将微生物进行固定。微生物固定化技术是指采用物理或化学的方法将微生物通过吸附、共价结合、截留及包埋等方式固定在特定的材料中，再将整体加入到反应体系的技术[118]。相较于传统的微生物技术，该技术具有生物浓度高、易于回收和再生、抗干扰性强、遗传稳定性好、机械性能强等优点[119]。迄今为止，传统的载体材料（如无机载体材料、有机载体材料、复合载体材料等）已被进行了大量的研究与应用。

　　微生物固定化载体根据成分通常可分为无机载体、有机载体及复合载体。

　　1）无机载体材料

　　在吸附固定化技术中，无机载体材料有着重要作用，常见的无机载体材料有活性炭、黏土、沸石、无烟煤、陶瓷和多孔玻璃等，具有易操作、稳定性强、不易受酸碱腐蚀、成本低、传质性高及微生物活性高等优点，但存在着与微生物结合力度弱的问题。无机载体材料主要是通过吸附作用固定微生物，载体的比表面积及孔隙率影响着微生物的负载量，这类载体可保持较高的微生物活性及较好的传质性，但结合力度较弱。在后续的研究中，可通过改性、新材料挖掘等手段获取集特定功能、负载量更高、结合力度相对较强的无机载体材料。

2）有机高分子载体材料

相比无机载体材料，有机载体材料形式更加丰富，可通过一定的操作对孔隙进行控制，且某些有机载体表面具有丰富的官能团，进而能与微生物紧密结合。有机载体可根据来源的不同分为天然有机载体和合成有机载体两大类。

天然载体种类丰富，常见的有甲壳素、琼脂、海藻酸盐和卡拉胶，以及合成聚合物如聚乙烯醇、聚丙烯铵、聚氨酯和丙烯酰胺等。一般来说，这类载体具有无毒无害、传质性能好等优势，但存在着机械强度低、可被生物降解和载体重复性差等缺点。天然有机载体材料可通过包埋及吸附的方式固定微生物，在后续的研究中，完善常规天然有机载体材料（如海藻酸钠、壳聚糖等），丰富天然有机载体材料种类具有重要的现实意义。

相较于天然有机高分子材料寿命较短、强度低的问题，合成高分子材料由于强度高、稳定性好而受到广泛关注。常见的人工合成有机载体材料有聚乙烯醇、聚乙二醇、聚丙酰胺、羧甲基纤维素、聚酯泡沫等。人工合成有机高分子载体材料虽可控性、稳定性及强度较好，但传质性相对较弱，且某些载体材料或单体具有一定的微生物毒害性，因此，仍需进一步完善以达到最佳的状态。

3）复合载体材料

一般来说，复合载体一般是指将有机/无机载体材料组合而成的材料，该方式有助于改良固定化颗粒的性能，使综合效果更佳、寿命更长；而随着研究的深入，组合载体的形式及类型更加丰富，有无机/有机载体复配、无机/无机载体复配、有机/有机载体复配等。复合载体材料将不同的载体集于一体，改善了单一载体结合力度弱、传质性能差的问题，综合效果较佳，但针对性相对较差。

2. 系统构成和主要设备

1）ZVI-BIO 系统

在实际地下水修复中，往往通过注入 ZVI 与原位含水层中的微生物进行耦合以达到去除污染物的目的，利用搅拌设备将 ZVI 和营养素混合均匀，然后利用注浆设备（图 3-14）将混合浆液通过不同的注入点均匀地注入到目标含水层中（图 3-15）。

图 3-14　注浆设备[120]

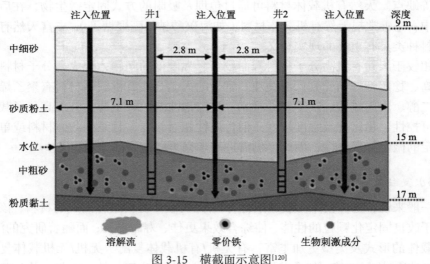

图 3-15　横截面示意图[120]

2）微生物载体材料系统

固定化微生物技术在水处理工程领域较成熟，但其在污染土壤修复中的研究刚刚起步，有关固定化微生物技术在有机物污染土壤修复中的研究多属实验室研究。与 ZVI-BIO 技术不同的是，固定化微生物技术需要预先专门培养驯化来获得高效能的菌种，然后在无菌条件下在合适的载体上接入驯化的菌株，复合材料上的微生物数量培养至一定的生物量后，便可以将其应用于土壤和地下水修复中。

固定化微生物技术通常被用作渗透性反应墙中的活性介质用以修复有机污染土壤和地下水，如图 3-16 所示。

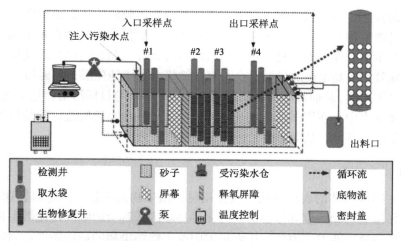

入口采样点　　　　　　出口采样点

注入污染水点

#1　　#2　#3　　#4

出料口

检测井	砂子	受污染水仓	···► 循环流
取水袋	屏幕	释氧屏障	→ 底物流
生物修复井	泵	温度控制	密封盖

图 3-16　固定化微生物在渗透性反应墙中的应用[121]

3. 影响因素

1）ZVI-BIO 耦合系统

很多因素都会对 ZVI-BIO 体系的降解效率产生影响，例如污染物的类型和浓度、ZVI 的粒径和浓度、微生物所需的碳源、pH 值、温度等。

A. 材料自身特性的影响

材料自身特性在耦合体系中有着极其重要的影响，选择适宜特性的 ZVI 和微生物都会对该体系的降解效率起到关键性的促进作用。ZVI 的粒径和浓度是 ZVI-BIO 体系的重要影响因素。一方面，nZVI 相对于 mZVI 和颗粒铁来说比表面积较大，活性位点多，腐蚀速率高，但 ZVI 的粒径越小，对微生物的毒性越大进而影响对污染物的降解效率。Kumar 等研究发现当 nZVI 的浓度高于 0.5 g/L 时，SBR 的活性受到了抑制。Yin 等研究表明当 ZVI 的浓度在 1~3 mg/L 时，随着 ZVI 浓度的增加，耦合系统的去除效率逐渐增加。因此，选择合适的 ZVI 粒径与浓度会提高 ZVI-BIO 体系对污染物的去除效率。另一方面，微生物的浓度（生物量）也会对 ZVI-BIO 产生一定的影响。生物量的增加可以加强微生物对污染物吸附的能力和还原去除作用，但是过多的微生物可能会吸附在 ZVI 表面，从而阻碍了污染物与 ZVI 之间的电子传递，减少 ZVI 表面的活性位点[122]。

B. 环境因子的影响

对 ZVI-BIO 体系可产生影响的环境因子主要包括 pH 值、DO、温度、有机物、无机物等，其影响主要体现在几个方面：①影响微生物的生长与繁殖，pH 值、温度是影响微生物代谢的重要因素，过高或过低的温度、pH 值都不利于微生物的生长与繁殖，进而影响微生物对污染物的降解效率[123]。此外，土壤和地下水中一些有机物的存在，例如腐殖酸、富里酸等能够为微生物的生长提供碳源与电子供体从而促进微生物对污染物的去除。②影响 ZVI 的活性。研究发现腐殖酸能够与 ZVI 钝化层发生螯合作用形成复杂的产物从而阻碍 ZVI 与目标污染物的反应，降低污染物去除效率。高浓度的硝酸盐会与氧化铁络合形成钝化层，阻碍污染物与 ZVI 之间的电子传递，从而影响污染物的降解效率[124]。③与目标污染物竞争电子供体。土壤和地下水中存在许多其他电子受体，例如硝酸盐、硫酸盐、碳酸盐等会与污染物竞争电子供体，从而影响目标污染物的降解效率[125]。

2）微生物载体材料

微生物和载体的表面性质、载体用量、微生物固定量、固定时转速、温度、pH 值、污染物初始浓度和接触时间等多种环境因素都会影响固定化微生物材料的去除效率和处理能力。因此，探索最大限度去除污染物的最佳条件对固定化微生物技术的应用至关重要[119]。

A. 微生物影响

微生物因素主要包括了微生物生长时期和生理状态、微生物细胞表面性质以及固定时细胞的接种量和细胞密度等[126]。一般情况下，固定化微生物会在培养基中培养至对数生长期后期，再被选用固定，因为微生物在这一时期拥有整个生长时期比生长速率和最高的活性以及对有害因子最强的抵御能力，有利于固定化，也有利于微生物细胞活性的保持以及对污染物的高效降解。通过改变微生物的接种量间接改变细胞密度也是控制固定化效果的有效途径。研究表明，在超出一定范围后，载体内固定的细胞密度增加，物质的传输效率会因此降低，可能机理在于大量微生物细胞的存在会增加传质阻力，从而影响微生物摄取营养物质，降低了细胞活性；同时，细胞在载体内的生长也会对载体的孔道进行堵塞，也会降低传质效率[127]。

B. 载体影响

载体材料的选择是固定化技术重要的一环，材料的形状结构、表面性质、固定化颗粒大小和载体浓度等均会对固定化产生重要影响[128]。载体材料的结构和表面性质如比表面积、表面粗糙程度、疏松多孔和亲水性疏水性等特性，会影响微生物的生长和固定效果。比表面积大、表面粗糙、疏松多孔的载体材料能为固定化带来有利的影响，可为微生物带来良好的生长繁殖环境和更多吸附位点。通常情况下，固定化微球直径为 0.5~5 mm，此粒径的大小会限制物质传递的效率，影响底物和营养物质的扩散，一般粒径越大，传质效率越低；同时也会影响吸附的微生物量，进一步影响降解效果[127]。

C. 温度的影响

温度会影响微生物的活性，这可能归因于细胞活力的丧失以及一些负责微生物生长和生物降解的关键酶和蛋白质在较高温度下受到抑制[129]。温度还会影响反应体系中氧的溶解度，进而间接影响好氧微生物的活性[130]。

D. pH 的影响

pH 会影响微生物的活性、重金属和离子型有机污染物的表面电荷性质，对污染物的去除起着关键作用。大多数微生物对环境 pH 非常敏感，通常大多数微生物生长和活性的 pH 值范围为 6.0~8.0[131]。pH 还会影响金属离子的形态和部分载体的表面电荷性质，从而影响污染物与固定化络合物之间的相互作用[132]。但是研究表明固定化载体可以有效缓解 pH 对污染物去除的负面影响。与游离细胞相比，固定化细胞对污染物的去除受培养基 pH 条件波动的影响较小。

3.3.2　重金属污染物修复材料及技术

1. 基本原理

土壤是农业生产的物质基础，是生态环境的重要组成部分。近年来，随着工业化、城镇化的发展，工业、农业生产以及生活垃圾中的各种污染物流入土壤，导致土壤环境恶化。目前，我国被重金属污染的土壤已经成为重要的环境问题之一，其不仅影响农作物的产量，也会直接威胁到居民的身体健康。目前，微生物技术不断发展，采用微生物技术优化土壤重金属污染是合理控制重金属污染问题的基础，也是保证土壤正确修复的关键。研究表明，微生物表面呈负电，重金属离子带正电，微生物在生长代谢过程中会产生胞外蛋白等物质，重金属能被吸附于微生物表面，微生物与重金属发生络合反应。重金属被转运至微生物内部，与硫蛋白发生反应，都可以达到去除重金属的目的。微生物在生长和死亡的过程中会产生例如甲酸、乙酸和丙酸等物质，促进溶解环境中的重金属。微生物也可以利用生长环境中的营养物质，保持生长活动过程中产生的有机酸，溶解土壤重金属[133]。微生物生长代谢会产生酶，有的酶有氧化还原作用，酶与重金属反应，改变离子价态后重金属性质也会改变，毒害减少，降低重金属的危害。微生物有的分泌产物，能将有毒的重金属离子转化为无毒物质[134]。微生物和它的代谢产物一定程度上都可以吸附转化重金属，不仅仅只有活细胞能够降解重金属，死亡菌株也可作为金属阳离子的生物吸附剂，但可移动的碱金属除外（例如 K^+）[135]。在死细胞中，细胞积累是一个被动的过程，金属可能附着在表面分子上，死亡细胞的细胞壁可能已经破裂，金属与表面分子结合时有更多可用的结合位点[136]。除了生物的单方面治理外，更多的还是在于生物之间的联合治理，将草本与木本两种不同空间生态位植物结合在一起，选用耐受重金属且根系发达、生物量大的木本植物去吸收土壤中重金属元素，再利用草本植物巩固表层土壤，防治水土流失，两者结合在一起，既有协同作用又不相互竞争，加强对重金属的萃取作用，拥有简短的修复周期[137]。另外，硫酸盐还原菌是一类兼性厌氧细菌，广泛存在但不局限于缺氧环境中，能够将环境中的 SO_4^{2-} 还原为 S^{2-}，S^{2-} 与重金属离子反应生成稳定的金属硫化物生物炭能够通过离子交换、物理吸附、表面络合或化学沉淀作用去除重金属[138]。

1）微生物对重金属的吸附

微生物吸附重金属是一个复杂过程。同种微生物对不同金属离子亲和力不同，不同种微生物对同一金属离子的耐受性也不同，导致微生物吸附金属机理的多样性和效率的差异性。根据被吸附离子在微生物细胞中的分布差异，分为 3 种：胞内吸附、胞外吸附和表面吸附，如图 3-17 所示。其中表面吸附存在于活性和非活性微生物，而胞外和胞内吸附主要存在于活性微生物。在一个吸附体系中，可能同时存在一种或多种机制。胞外吸附是指利用微生物分泌的胞外聚合物（胞外聚合物，EPS），例如糖蛋白、脂多糖、多聚糖以及可溶性氨基酸等，通过吸附、沉淀或络合作用去除重金属离子。表面吸附是指在细胞表面，尤其是细胞壁组分（蛋白质、多糖和脂类等）中的化学官能团（羧基、羟基、磷酰基、酰胺基、硫酸脂基、氨基和巯基等）与金属离子相互作用后发生的吸附过程。胞内吸附指当胞外金属离子浓度高于胞内时，金属离子可通过自由扩散方式穿过细胞壁和细胞膜进入胞内。进入细胞后，微生物通过区隔化作用将金属离子分配至代谢活动不活跃的区域（如液泡），或将金属离子与热稳定性蛋白结合，将其转变成为活动性较低的低毒形式[139]。

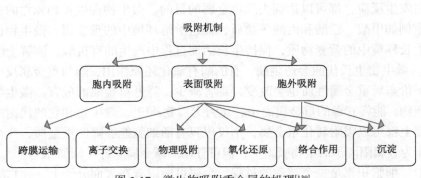

图 3-17　微生物吸附重金属的机理[139]

藻类、细菌和真菌等微生物由于自身所具有的特性可以与重金属污染物形成化学键，并附着在微生物表面，如多糖、糖蛋白、蛋白质和糖脂等官能团上发生络合、离子交换、静电吸附、螯合、无机微沉淀以及共价吸附等反应，从而达到固定重金属的效果[140]。某些微生物细胞壁外含有大量带正、负电荷的基团，如氨基、咪唑、碳水化合物、去磷脂酸、肽聚糖，以及微生物代谢产生的胞外聚合类物质等，均可与环境中的多种重金属元素发生电荷吸附或专性吸附[141]。例如，细菌因其体积较小、便于培养、繁殖速度快等优点，已被广泛用于清除环境中的重金属污染物。革兰氏阳性细菌所含的肽聚糖和磷壁酸，以及革兰氏阴性细菌的肽聚糖、细菌因其体积较小、便于培养、繁殖速度快等优点，已被广泛用于清除环境中的重金属污染物[142]。活性微生物对重金属的吸附过程可以分为两个阶段[143]，第一阶段为快速吸附，微生物通过吸附作用将废水中的重金属吸附在细胞表面，一般情况下几十分钟之内就可以达到最高吸附量的 70%，第二个阶段为缓慢吸附阶段，被微生物表面吸附的重金属通过胞内吸附转移到细胞体内，并在细胞内沉淀累积[144]。

2）微生物对重金属离子的氧化还原作用

微生物的氧化作用能使重金属元素的活性降低，自养细菌如氧化铁硫杆菌（thiobacillus thiooxidans）和氧化亚铁硫杆菌（thiobacillus ferrooxidans）能氧化 As^{3+}、Cu^+、Mo^{4+}、Fe^{2+}；假单胞杆菌（pseudomonas）能使 As^{3+}、Fe^{2+}、Mn^{2+} 等发生氧化；褐色小球菌（micrococcus lactyicus）能还原 As^{5+}、Se^{4+}、Cu^{2+}、Mo^{4+}；脱弧杆菌（desulfovibro）在厌氧条件下可将 Fe^{3+} 还原为 Fe^{2+}；厌气的固氮梭状杆菌（Clostridium sp.）能通过酶的催化作用还原氧化铁和氧化锰；原孢子囊杆菌（Thiobacillus prosperus）、含铜杆菌（Thiobacillus cuprinus）和钩端螺旋菌（Leptospirillum）也具有氧化还原重金属的能力[145]。还有大量的研究证实硫酸盐还原菌能在厌氧条件下还原硫酸盐生成硫化氢并参与多种重金属离子的沉淀，在重金属污染废水处理中具有重要的应用价值[146]。一些嗜酸菌能通过自身的代谢活动使高毒性的 Cr^{6+} 转化为低毒的且溶解性更小的 Cr^{3+}，从而可以降低铬离子的危害性，某些微生物能把难溶的 Pu^{4+} 还原成 Pu^{3+}，把 Hg^{2+} 还原成单质 $Hg^{[147,148]}$。目前微生物对重金属氧化还原作用的研究及运用多集中在电镀及冶金废水的处理上。在研究微生物对重金属的解毒时，应该更多地探究在何种条件下能使微生物高效地处理高浓度重金属废水，而不使微生物的代谢活性受高浓度重金属离子的毒害[149]。

3）微生物对重金属离子的矿化作用

在自然界中，本身就存在着多种多样的微生物菌群，而这之中的一部分微生物拥有诱导成矿的特性。因此，在对受到重金属物质污染的土壤进行修复时，就可以将这种特定种类的微生物，使其所具备的特种能力最大限度地发挥与利用，以此对碳酸盐等物质进行诱导，促使其有效沉淀。如此一来，土壤中所存留的重金属物质将会被有效固定，并最终将重金属物质降解为无毒或低毒的物质[150]。

矿化作用是指微生物生命代谢产生了某些物质与重金属离子结合，使有害金属转变为无害的金属沉淀物的过程。在不断地对微生物矿化的机理进行研究的过程中，Suzukiand Banfield 在 1999 年提出微生物的矿化主要表现在金属离子会与微生物代谢产物结合形成胞外沉淀[151]。另外在某些物理和生物效应以及有机物质的控制下的特定部分，将液相中的金属离子转变为固相矿物的作用，晶体最终形成需要经历一系列的过程。生物矿化是独特的，因为聚合物膜表面上的有序基因引发无机离子的定向结晶。并在晶体的三维空间生长，反应动力学等方面进行调节，从而形成较为稳定的晶体矿物[152]。例如利用富含碳酸钙的红泥可有效地去除水体中 Cu^{2+}，Zn^{2+} 和 Ca^{2+} 矿化过程中所产生的 CO_3^{2-} 会和金属离子发生沉淀反应，形成低溶解度的碳酸盐晶体，有效态重金属转化为低毒性重金属不溶物[153]。

2. 系统构成和主要设备

原位生物修复技术是指污染土壤不经搅动，在原位和易残留部位进行处理。最常用的原位处理方式是进入土壤饱和带的污染物生物降解，采取添加营养、供氧和接种特异工程菌等措施提高其降解力，并通过一系列贯穿于污染区的井，直接注入配好的溶液来完成；亦可采用将地下水抽至地表，进行生物处理后注入土壤中进行再循环的方式改良土壤。由于氧交换的需要，该法适于渗透性好的不饱和土壤的治理。较为常见的生物通气法、空气注射法、生物培养法、投菌法等[154]。

生物通气法是一种强迫氧化的生物降解法，用于修复地下水上部受挥发性有机物污染的透气层土壤。它是在污染的土壤上打上至少两口井，安装鼓风机和抽风机，将空气强制排入土壤中，然后抽出，土壤中的挥发性有机物也随之去除。在通入空气时，加入适量的氨气，可以为土壤中的降解菌提供氮素营养，促进微生物降解活力的提高。

空气注射法是将空气加压后注射到污染地下水的下部，气流加速地下水和土壤中有机物的挥发和降解。它是在传统气提技术的基础上加以改进后形成的新技术，抽提和通气并用，为微生物的降解作用补充溶解氧，并通过增加及延长停留时间促进生物降解，提高修复效率。

生物培养法是定期向受污染土壤中加入营养和氧或过氧化氢作为微生物氧化的电子受体，以满足污染环境中已经存在的降解菌的需要，提高土壤微生物的代谢活性，将污染物彻底地矿化为二氧化碳和水。

投菌法是直接向遭受污染的土壤投入外源的污染物降解菌，同时提供这些微生物生长所需的营养，包括常量营养元素和微量营养元素。常量营养元素包括氮、磷、硫、钾、钙、镁、铁、锰等，其中氮和磷是土壤生物治理系统中最主要的营养元素[155]。下面以产嗜铁素细菌和铁细菌 A 为例分析其中的作用机理。

产嗜铁素细菌分泌的次级代谢物-嗜铁素是一种低分子量的有机物，其主要功能是结合土壤环境中的铁元素（Fe^{3+}），提高了土壤难溶铁的溶解性，从而提高铁元素的有效性，微生物和植物可以直接吸收利用，促进其生物量增加。一方面重金属结合游离的嗜铁素阻止了铁离子的螯合，导致铁元素缺乏，从而刺激更多嗜铁素合成，在一定程度上能够保护微生物免受重金属毒害，提高该微生物本身对重金属的耐性，促进细菌生长。另一方面，由于嗜铁素对重金属离子强烈的亲和性，重金属与嗜铁素的螯合物不仅减轻了重金属离子的毒性，而且还提高了植物根际环境中重金属的活性，增加植物对重金属的吸收和积累，提高植物修复效率[156]。

利用铁细菌 A 代谢作用形成的铁基络合物,对 Zn^{2+} 污染土进行生物灌浆修复,通过吸附和共沉作用实现了对污染环境中重金属的固定。铁细菌 A 可通过自身代谢及酶化作用分解营养物质随着铁细菌 A 的大量繁殖，环境 pH 值升高溶液中 OH^- 浓度增加由于 Fe^{3+} 和 OH^- 之间极强的亲和力能同时吸引两个 OH^- 配位生成双核、三核以及更长的桥链串联起来生成施氏矿物。施氏矿物具有较强的表面化学活性和生物吸附性含有的羟基、硫酸根等基团对重金属具有很强的吸持能力，在菌株的代谢过程中代谢物不断吸附重金属 Zn^{2+} 形成稳定的团聚结合体最终通过共沉淀作用实现了对重金属 Zn^{2+} 的固定[157]。利用磁铁矿-*Lysinibacillus* sp.JLT12 协同去除水中 Cr(Ⅵ)时，磁铁矿与-*Lysinibacillus* sp.JLT12 之间有一定的协同促进效果，对 Cr(Ⅵ)的去除效果明显优于两者单独作用的效果。磁铁矿-*Lysinibacillus* sp.JLT12 协同作用体系去除 Cr(Ⅵ)的反应途径主要有三条：一是磁铁矿对 Cr(Ⅵ)的吸附与还原；二是微生物 *Lysinibacillus* sp.JLT12 自身对 Cr(Ⅵ)的还原与吸附作用；三是微生物 *Lysinibacillus* sp.JLT12 将磁铁矿表面和液相中的 Fe(Ⅲ)还原为 Fe(Ⅱ)，并通过 Fe(Ⅱ)间接还原 Cr(Ⅵ),其中微生物的生物矿化作用对 Cr(Ⅵ)的去除也起到了积极作用，Cr(Ⅵ)以共沉淀的形式被固定[158]。作用机理图如图 3-18 所示。

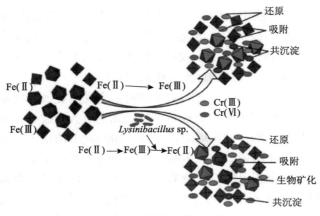

图 3-18　Cr(Ⅵ)的去除机理图[158]

3. 影响因素

微生物的种类、温度、pH 和盐浓度、重金属浓度等都能影响到微生物与重金属的作用。常用于处理重金属的微生物主要分三类：细菌、真菌和藻类。其中，细菌吸附重金属的能力的强弱主要由其细胞壁中肽聚糖的多少决定的，革兰阳性菌细胞壁肽聚糖含量高达 40%~90%，而革兰阴性菌仅为 10%左右，因此一般前者是后者吸附能力的 5~10 倍；而真菌细胞的细胞壁（0.1~70.0 μm）比细菌的细胞壁（10~80 nm）厚得多，而且具有更多的吸附物质（壳聚糖、葡聚糖、甘露聚糖等），所以真菌的吸附能力一般优于细菌。相较于前两者，微藻细胞则富含纤维素、果胶质以及海藻盐等吸附物质。目前已被发现并用来吸附重金属元素的真菌主要有类酵母、木霉属、青霉属、丛生菌根等。丛生菌根可以有效减少土壤中的铁含量，对于盆栽土壤环境而言，应用丛生菌根可以形成铁载体，以此来实现对铁的吸附。在重金属污染土壤修复中应用较多的细菌主要包括产碱菌、耐性细菌等，不同细菌对重金属土壤的修复程度不同。比如，在盆栽土壤环境下使用产碱菌，可有效削弱土壤中的铬含量[159]。当镉、铅浓度均为 0 时，使用耐性细菌可提高植物生物量，加强植物对重金属元素的吸收量[160]。

温度和 pH 值可通过影响还原酶的活性、重金属离子的可利用性和细菌表面与重金属结合的活性位点，从而影响微生物对重金属的去除效率。例如，菌株还原 $Cr(Ⅵ)$ 的适宜条件为 pH 在 7.0~9.0，温度为 30~35℃，不适当的酸性或碱性环境对菌株的生长，代谢活动使得 $Cr(Ⅵ)$ 较难被还原。金属离子的存在也会影响重金属的去除。Cu^{2+} 是抗氧化酶，如过氧化氢酶和超氧化物歧化酶的重要组成部分，也是氧化呼吸系统电子转移必不可少的部分，因而 Cu^{2+} 的存在可提高菌株对 $Cr(Ⅵ)$ 的抵抗力和电子转移效率，从而提高 $Cr(Ⅵ)$ 的还原效率。对于微生物技术而言，修复重金属污染土壤时，适量盐可以维持细胞内外渗透压，但盐浓度过高则会导致细胞脱水。在使用黏质沙雷氏菌吸附镉时发现，当氯化钠浓度等于 0 时，微生物对镉的去除率较高，随着氯化钠浓度不断上升，重金属元素去除效果随之减弱[161]。不难看出，盐浓度对微生物技术作用的发挥具有一定影响，需在适当盐浓度范畴内加以应用，才能达到理想土壤修复效果。

在利用微生物技术修复重金属污染土壤时，会受重金属浓度影响。通常情况下，若重金属元素浓度与规定数值范畴不符，无论过大或过小，都会直接影响修复效果。例如，使用大肠杆菌属吸附铅元素，200 mg/L 浓度下的吸附性最强。使用变形假单胞菌去除土壤中的汞元素时，10~15 mg/L 浓度下的修复效果最佳，并且，汞元素的浓度逐渐提升时，土壤修复效果越差。使用链霉菌或铬泥土去除土壤中的铬元素时，1800 mg/L 浓度下的去除效果最佳。从实践中可发现，重金属浓度会直接影响土壤修复效果，重金属元素及微生物菌不同，最适合的修复浓度也存在差异[162]。由于各种重金属最佳的修复浓度差异较大，在进行修复前应仔细分析、计算适当浓度范畴，将实际浓度控制在范畴内，以此来提高重金属污染土壤的修复效果[160]。

3.3.3　技术要点分析

　　原位生物修复是指不移动受污染土壤，通过直接加营养物、供氧或使受污染地下水与降解菌充分接触，加快污染物分解的技术。与传统的物理和化学修复技术相比，原位生物修复技术主要的特点有：①土壤的物理、化学和生物学特性基本保持不变，一般不破坏植物生长所需要的土壤环境；②在一定条件下可实现有机污染物的矿化；③处理成本通常低于物理和化学方法；④应用范围广泛，可处理不同类型、不同程度的污染土壤。原位生物修复技术作为一种理想污染途径，在土壤修复领域具有广阔的应用前景。目前已研究出许多针对相应有机污染物或重金属的高效降解菌株和混合菌群，它们都在生物修复土壤中发挥着重要作用。此外，微生物与物理、化学或生物因素结合的几种外源生物强化方法也可提高被污染农业土壤的修复效率。

　　然而土壤和地下水是一个复杂的环境体系，生物修复要求污染物具有相当大的生物利用度，目前仍存在受污染物种类和浓度限制、受环境条件制约和对修复土壤未知的负作用等局限性[163]。下面对各种污染土壤生物修复的技术局限性进行概述，主要包括几个方面的问题：

　　（1）修复剂或微生物/酶制剂带来的次生污染问题，并对土壤结构、土壤肥力和其他自燃生态过程产生不可逆转的影响。

　　（2）加入到修复现场土壤环境中的微生物作用效果往往与实验结果有较大的出入，特别是由于其抗性差、难以很快适应，在土壤环境中的移动性能差，易受污染物毒性效应的控制，导致作用效果明显下降。

　　（3）土壤异质性不仅对技术本身的稳定性和有效性构成威胁，还对技术性能的有效监测产生显著影响。

　　（4）许多原位修复技术在完成对土壤污染物（特别是重金属）进行处理后，还存在着污染物及其降解产物的重新活化问题。

　　（5）基于污染物固定和生物有效性降低的处理方法的性能能否完全保证，在技术上存在疑问。

　　（6）生物修复过程中污染物的淋溶过程问题，对生物修复技术的生态毒理诊断与评价问题等[164]。

　　为进一步提高生物修复技术的实用性，克服诸多局限性，提升其工程应用价值。在现有微生物修复研究基础上，可以对目标土壤的环境条件及土著微生物群落的组成、时空分布进行了解。根据微生物的需要，适当改变土壤环境，使微生物的代谢处于最佳状态，以便达到更好的降解效果。还可以运用分子生物学技术手段和基因工程理论，筛选出具有降解多种污染物且降解效率更高的优良菌株[154]。迄今为止，对降解微生物的基因组序列分析关注度在逐步提高，通过鉴定新的污染物降解基因或开发高效工程菌株修复有机污染土壤将是重要方向。提高工程菌的存活率和分解代谢活性，同时保证土壤原有的生态性，也将是生物修复领域的研究重点[163]。

第4章 异位土壤修复技术与装备

异位气相抽提技术是一种新兴技术，人们可以采用该技术修复有机物污染土壤。通常，化工厂场地有机物污染十分严重，其退役后必须进行土壤修复，因此有关研究具有很强的代表性。其任务目标如下：一是获取周边区域大气-土壤-生物的有机物传输机制，开展土壤有机物源解析，明确污染分布状况；二是获取土壤有机物污染特征，了解其积累和迁移机制；三是明晰化工厂场地土壤有机物迁移规律和污染边界；四是以化工厂为边界区，确定污染风险评价方法，建立土壤有机物污染识别机制，划定风险控制边界[165]。

在修复有机污染土壤时，人们可以利用高压机械设备，按一定比例将氧化药剂注入污染土壤，实现混合-反应-养护，根据各污染物的不同温度，加快氧化反应，以链式反应产生大量具有强氧化能力的羟基自由基，使难降解的大分子有机污染物转化成低毒或无毒的小分子物质。土壤修复全过程应在有防扩散的半封闭膜大棚装置内进行。

异位气相抽提技术可以有效地处理土壤有机物污染，其适合处理的有机污染物如下：一是氯代溶剂，如四氯乙烯、三氯乙烯、二氯甲烷、四氯甲烷、氯苯、二溴己烷；二是石油烃类，如石油总烃（TPHs）、十二烷、辛烷；三是苯系物，如苯、甲苯、乙苯、二甲苯、异丙苯；四是多环芳烃，如萘、蒽、菲、芘；五是其他污染物，如有机磷农药、有机氯农药。异位气相抽提技术具有突出的技术优势，主要表现为：高效氧化羟基自由基；缩短修复周期；适应性强，可与多种工艺联用；可溶性高；环境安全性高，无二次污染。

土壤淋洗是指使用各种可以过滤土壤中的重金属的试剂和萃取剂从土壤中去除重金属（类）物质[166,167]。最近，使用适当的萃取剂从污染土壤中浸出重金属已经可以替代一些清除污染土壤的传统技术。在土壤淋洗过程中，将被污染的土壤挖出，并根据金属和土壤的类型将土壤与适当的萃取剂溶液混合。萃取剂溶液和土壤在规定的时间内完全混合。通过沉淀、离子交换、螯合或吸附，土壤中的重金属（类）从土壤转移到液相，然后从渗滤液中分离出来[168]。分离出的满足监管标准的土壤，可以回填到原始地点。经常使用土壤淋洗法修复重金属（类）污染场地，因为它可以完全去除土壤中的金属。此外，土壤淋洗是一种快速方法，可满足特定标准，无需承担任何长期责任[167]。由于其高效性，土壤淋洗成为最具成本效益的土壤修复技术之一。

已经使用了许多试剂来调动和去除土壤中的重金属（类），这些试剂包括合成螯合剂（EDTA, EDDS）、有机酸、腐殖质、表面活性剂和环糊精[169,170]。这些用于土壤淋洗的试剂是根据具体情况而定的，它们的应用和效率随重金属（类）的类型和位置而不同。众所周知，土壤淋洗过程中重金属（类）的交换/提取/溶解取决于土壤和金属类型[171]。土壤淋洗的效率取决于萃取剂对土壤中重金属（类）的溶解能力。因此，可以溶解高水平金属的萃取剂将适合于土壤清洁。在萃取剂中，合成螯合物如 EDTA 和 EDDS 是最有效和最适合于土壤淋洗的，因为这些螯合物可以在较宽的 pH 范围内与大多数重金属（类）形成稳定的络合物[172]。对于去除阳离子金属，EDTA 是最有效的合成螯合剂，但在阴离子金属中不是[173]。

其他土壤淋洗化学品包括高浓度氯化盐溶液，如氯化铁和氯化钙[174]。Makino 等认为 $FeCl_3$ 对 Cd 污染水稻土壤的淋洗效果较好，具有成本效益、Cd 提取效率和较低的环境影响。为了提高重金属（类）的去除效率，进行了冲洗步骤和重复淋洗，从而减少了淋洗剂的消耗和淋洗成本[175]。同样，不同螯合剂的联合使用也提高了重金属（类）的淋洗效率，特别是对多金属污染土壤[166]。一些学者使用多种淋洗螯合剂对重金属（类）污染土壤进行连续萃取/淋洗。如 Wei 等[176]报道磷酸-草酸-Na_2EDTA 有序土壤淋洗对 As 和 Cd 的重金属去除率分别提高了 41.9%和 89.6%。

4.1 气相抽提技术

土壤气相抽提技术（SVE）是一种安全、经济、高效的土壤治理技术，广泛应用于不饱和土壤中挥发性有机污染物的去除[177]。土壤气相抽提（SVE）是去除包气带土壤中挥发性有机物（VOCs）经济快捷的原位土壤修复方法[178]。但是其局限性限制了它的广泛应用。目前的强化技术有热强化 SVE 修复工程[179]。

4.1.1 技术原理

土壤气相抽提的基本原理是利用真空泵抽提产生负压，空气流经污染区域时，解吸并夹带土壤孔隙中的挥发性和半挥发性有机污染物，由气流将其带走，经抽提井收集后最终处理，达到净化包气带土壤的目的。具有对土壤破坏小、投资成本低、简单易操作、无二次污染等优点。该技术被美国环境保护局（U.S. Environmental Protection Agency，EPA）大力推广，是目前使用最为广泛的修复技术之一[180]。

4.1.2 系统构成

1. 气相抽提工艺流程

经挖掘后的土壤会变得更加松散，堆置后的污染土壤孔隙率较大，在适当的真空度下被抽出，如果异位气相抽提系统设计合理，可以有效地处理土壤中的挥发性有机污染物。异位 SVE 修复系统示意图如图 4-1 所示[181]。

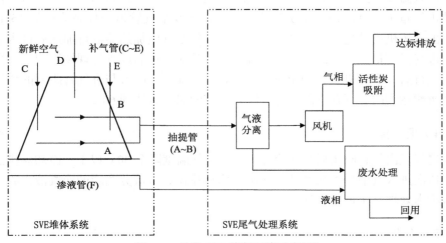

图 4-1　异位 SVE 修复系统示意[181]

1）SVE 堆体系统

通过往土堆内部水平埋设两层抽提管路作为抽提管路，在土堆内部埋设 3 排竖直进气（补气）管路，两层管路通过干管连接，形成抽提管路，并与尾气处理系统连接。

2）尾气处理系统

由气液分离罐及废液处理系统、风机和气体净化吸附罐组成，通过管线与 SVE 堆体抽提管路连接。从堆体内部抽提分离的气相可通过气体净化吸附罐净化后高空排放，在活性炭吸附单元前后设置采样孔点，监测尾气排放浓度。堆体底部产生的渗滤液和气液分离罐分离的废水可统一收集后处理。

2. 热处理 SVE 土壤工艺流程

土壤预处理-土壤堆置及热处理设备安装-热通风-尾气处理[182]。

1）预处理

污染土壤进行堆置之前需进行预处理，将粒径较大的粗颗粒筛分后再混合堆放。

2）堆放

土壤堆放方式由下至上分别为混凝土地面、污染土堆、玻璃棉保温层、防雨布。

3）温度控制

送风温度将控制在 60~120℃之间，并可调节；系统运行时间为一个月，控制土堆进气量为 250 m³/h，系统持续运行，进气及抽气管道的控制流速为 15 m/s。空气由鼓风机推动进入最大功率为 75 kW 的空气电加热器进行加热后进入土壤堆，进气温度最终为 120℃，并用温度检测计对土壤温度进行现场监测。一段时间的运行后，靠近进气管的土壤温度也接近 120℃，随着与进气管距离的增加，土壤所能达到的温度在下降，但最终最低点的温度也达到 60℃。

4）尾气排放

尾气经出气管收集后进入冷却器，使尾气温度降至 30℃以下。冷却器排出的气体依次进入气液分离罐和活性炭吸收塔后排出，气液分离罐的冷凝液也收集后进入废水处理系统进行处理。

5）监测

处理系统运行过程中，每天对土堆中挥发性污染物浓度、尾气浓度进行监测。

3. 热传导强化土壤气相抽提工艺流程

热传导强化土壤气相抽提（SVE）结构示意图如图 4-2。实验过程中使用加热管对土壤进行加热并产生循环加热的过程，一旦土壤温度低于设定值，加热管运行直至土壤温度上升至设定值；而当温度高于设定温度值时，加热管则停止加热。因此，土壤温度并非保持在设定值不变，而是在设定值上下循环波动。通过减少加热时热损失的方法，可以缩小波动的幅度，因为这样土壤冷却需要的时间会更长，从而循环量就得到减少。

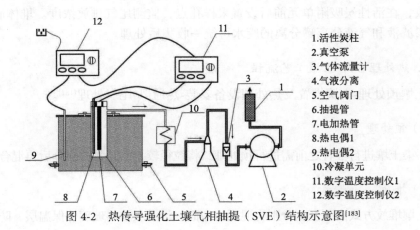

1. 活性炭柱
2. 真空泵
3. 气体流量计
4. 气液分离
5. 空气阀门
6. 抽提管
7. 电加热管
8. 热电偶1
9. 热电偶2
10. 冷凝单元
11. 数字温度控制仪1
12. 数字温度控制仪2

图 4-2　热传导强化土壤气相抽提（SVE）结构示意图[183]

4. 气相抽提研究

1）土柱的填充质量

土壤的均匀透气性是 VOCs 均匀和稳定地扩散的保证，通风过程中气流才能够均匀地流过整个柱体的截面。避免抽提时产生湍流和 VOCs 测试时浓度的漂移。土柱的透气性如图 4-3。

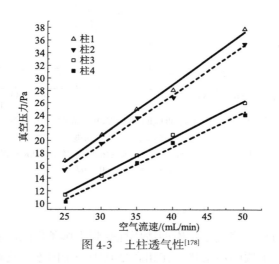

图 4-3　土柱透气性[178]

流量-压力曲线表明土壤的含水率影响土壤的透气性，含水率高，真空压力大，则土壤的透气性差；不同的土质具有不同的透气性，黏质粉土的透气性要高于砂质粉土，即真空压力梯度小于砂质粉土。

2）不同污染源污染土壤的 VOCs 浓度变化特征

试验设计的 SVE 的通风流量为 40 mL/min，直接和间接污染土柱的 VOCs 浓度值和通风时间关系见图 4-4。通风时间和 VOCs 浓度数据显示，直接污染的土柱[图 4-4（a）]VOCs 浓度随时间的变化是一个缓慢的对数曲线下降过程，停止通风浓度能够部分地恢复；通风过程中，含水量 17% 的柱 1 的 VOCs 浓度高于含水量 10% 的柱 2，经过 120 h 的通风后两柱的浓度已经接近。柱 1 的含水量高，汽油在水中的溶解度低，水分影响土壤对汽油的吸附，表现为通风过程 VOCs 浓度高。间接污染的土柱[图 4-4（b）]结果显示，经过 3 h 流量为 40 mL/min 的连续通风，VOCs 的浓度迅速降低，低于 10×10^{-6}（体积分数）。停止通风后，不能恢复到 10×10^{-6}（体积分数）以上的水平；含水量为 10% 的土柱中检测不到 VOCs。

　　图 4-4 中 VOCs 浓度随时间变化结果表明试验中的 VOCs 浓度主要源于土壤中的 NAPLs。

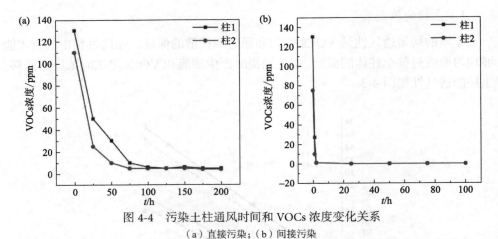

图 4-4　污染土柱通风时间和 VOCs 浓度变化关系

(a) 直接污染；(b) 间接污染

资料来源：王喜，陈鸿汉，刘菲，等. 依据挥发性污染物浓度变化划分土壤气相抽提过程的研究. 农业环境科学学报，2009，28（5）：903-907

3）划分两个阶段的方法和作用

　　目前所建立的 SVE 修复土壤模型适用性受到土壤条件的限制，影响到适用性。难以区分所要修复土壤的污染物存在相态是其中一个因素，这影响到数学模型的边界条件给出，即污染物浓度。

　　最优结果：试验结果显示能够依据 SVE 过程中的 VOCs 浓度变化，以浓度 $10×10^{-6}$（体积分数）为划分基准，将 SVE 过程划分为两个阶段：

　　高效去除阶段：被直接污染的土壤，土壤中有 NAPLs 存在，SVE 过程中的 VOCs 浓度来源于 NAPLs 的传质和扩散。抽提过程中浓度高于 $10×10^{-6}$（体积分数），停止通风后 VOCs 的浓度能够恢复。抽提流速不同，气体浓度不同。

　　拖尾阶段：被间接污染的土壤，土壤中没有 NAPLs，SVE 的过程中 VOCs 浓度降低快，经过一定时间的通风，检测的浓度低于 $10×10^{-6}$（体积分数），并且在停止通风后，浓度不能够恢复。

5. 热强化气相抽提修复污染土壤研究

　　本研究采用东北地区黏土为主要研究对象，利用实验室小试模拟装置，探究土壤含水率、温度等因素对气相抽提技术修复苯污染土壤的影响，分析热强化过程中含水率对土壤温度传输的影响及升温规律，以期为东北地区挥发性有机污染场地的修复提供理论依据[184]。

1）实验装置

气相抽提试验装置由试验土柱模拟系统、缓冲瓶、转子流量计、真空泵和活性炭柱组成。土柱为 $\Phi140\ mm\times160\ mm$ 的不锈钢柱，中心位置安装内径 20 mm 的抽提管，距其底部 20~100 mm 处开设多个圆形进气孔，使气体进入抽提管。同时在土柱底部放置一层厚约 20 mm 的石英砂，使气流均匀分布在土体断面，避免形成优势流。土柱与真空泵之间设有缓冲瓶，避免抽提出的水分影响真空泵。热强化试验装置如图 4-5，在气相抽提试验装置基础上增加温控装置、加热井及测温井，取样口及测温井距离加热井 5~8 cm。加热井通过 $\Phi10\ mm\times140\ mm$ 100 W 的加热棒加热，与温控装置相连接。温控装置的控温范围为 0~250℃，控制加热棒表面温度，防止加热棒因温度过高而损坏。测温井用于测量加热过程中土壤温度变化。

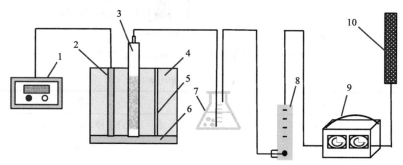

图 4-5 热强化试验装置示意图[184]

1.温控箱；2.加热井；3.抽提井；4.土柱；5.测温井；6.石英砂；7.缓冲瓶；8.流量计；9.真空泵；10.活性炭柱

2）实验结论

（1）气相抽提修复东北地区黏土土壤中苯污染时，抽提速率增大，修复效果也随之变好；抽提 24 h，去除效率最高可达 71.23%；实际修复中选择抽提速率为 10 L/min 时最佳；土壤含水率在 5%~20% 范围内，含水率越高，气相抽提的修复效果越不理想。

（2）对于东北地区黏土土壤来说，含水率为 5% 左右时土壤升温效果最好，土壤温度由热源沿径向呈现非线性衰减，越靠近热源点附近衰减越明显。

（3）热强化气相抽提修复东北地区黏土土壤中苯污染时，含水率为 5% 时修复效果最好，随着含水率的升高，修复效果逐渐变差，含水率到 20% 时，修复效果略有提升；热强化气相抽提较气相抽提单位时间对苯的去除效率至少提高了 5.7 倍，明显缩短了修复时间，提高了修复效率。

6. 太阳能强化气相抽提系统设计

试验系统如图 4-6 包括土壤试验堆体、太阳能及电加热系统和抽提及尾气处理系统三大部分，其运行参数如表 4-1。

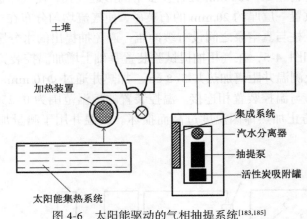

图 4-6　太阳能驱动的气相抽提系统[183,185]

表 4-1　运行参数[183,185]

项目	参数
抽气频率	抽 1 h，停 2 h，一天 2 次
循环水加热温度/℃	20~40
循环水流量/（L/min）	38~80
电加热功率/kW	9

注：土壤升温到预定温度前关闭抽提系统，达到预定温度后再间歇性运行抽提系统

本试验采用太阳能加热强化 SVE 系统处理苯、萘污染土壤，通过检测土壤堆体温度、湿度和污染物浓度的变化情况，来评估太阳能的能量贡献率和应用潜力，得出以下结论：

（1）土壤抽提过程对土壤的热损失影响较大，占整个试验过程中的 70%~80%。

（2）本试验中，太阳能在土壤升温和维持预定温度阶段的能量贡献率分别为 17.7%和 10.0%，在整个试验过程中的能量贡献率为 11.3%。太阳能的贡献率较小，本试验中无法只通过太阳能来加热土壤到预定温度或维持预定温度不变，需要额外的能量供应。

（3）试验系统运行 30 天后，土壤中的苯和萘的浓度都显著降低，不同取样高度的苯的去除率均达到 85.0%~99.5%；萘的去除率在 67.1%~97.4%，残留量

0.18~0.72 mg/kg。本试验系统对去除苯并芘无效。

7. 异位土壤抽提工艺

异位土壤抽提原理如图 4-7。异位 SVE 修复前需要对污染土壤进行预处理，土壤筛分过程中对土壤造成扰动，导致污染气体发生流动，使得部分 VOC/SVOC 可能向外扩散迁移；SVE 的实质是采用物理方法将 VOC/SVOC 萃取出来，污染物并未消除或破坏，萃取出的气体污染物容易发生逸散和泄漏，产生二次污染。针对逸散问题，建议在实际修复过程中，在污染土壤筛分过程中对污染气体收集并处理，降低污染物迁移的概率；就尾气问题，应大力发展经济适用、绿色安全的 SVE 尾气净化技术和实用高效的配套设备。

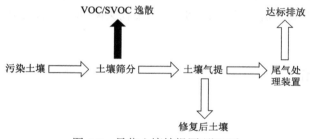

图 4-7　异位土壤抽提原理[185,186]

4.1.3　关键参数

1. 有机物性质[186,187]

污染物蒸气压和溶解度均是影响抽提效率的重要因素，气相抽提最适于处理高蒸气压和高流动性污染物。污染物分子量越大或结构越复杂，其与土壤有机质结合能力越强，越不易解吸。在对不同苯系物的研究中发现，气相抽提对土壤中苯的去除率最高，而对三种异构体的二甲苯的去除率相似。

2. 土壤渗透率[187]

土壤渗透率是影响气相抽提最重要的土壤因素，通常情况下，土壤渗透率越高，气相抽提的影响半径越大，抽气流量以及去除污染物的速率也越高。大粒径砂土由于具有更高的渗透率，修复效果明显优于细粒径土壤。

3. 土壤含水率[187]

从两方面对修复效果产生影响。一方面，土壤水分会占据土壤孔隙通道，含水率升高会降低土壤通透性，不利于污染物的挥发；另一方面，有机污染物吸附于土壤颗粒后，自身活性降低，而水分子的极性大于 VOCs，更易与土壤有机质结合，含水率增加会降低土壤对有机物的吸附，增大有机物挥发速率。所以土壤含水率过高或过低均不利于 VOCs 的去除，一般认为含水率在 15%~20%时效果最好。

4. 抽提气体流量[187]

抽提的流速及流量对有机物去除有直接影响。有研究表明，一定限度内提高气体流量可显著缩短修复时间，而当流量达到一定限值后，受有机物气相对流传质阻力和液相扩散阻力等的影响，去除速率不再显著增加，所以针对场地特征，抽提的流速及流量存在最佳值。另有研究发现，在抽提流量较小时，去除速率随流量增大显著提高，流量持续增大时，污染物去除速率虽有提升，但其速率增长趋势不断减缓。

4.1.4 场地应用

1）工艺设计

该研究针对我国北方某退役焦化厂的 TPHs 和苯并[a]芘等有机污染物，采用异位燃气热脱附结合气相抽提的方式对土壤污染物进行处理[188]。燃烧器产生的高温烟气（600~700℃）通入加热管内管，烟气在管内高速流动至底部后折返至加热管外管中，升温后的外管壁以热传导的方式将热量传递给土壤。当土壤到达目标温度时，土壤中污染物与水溶液发生共沸或热解进入气相。为提高工艺的热效率，外管内的高温烟气将重新通入至余热利用管内并经燃烧烟气管排出。最后，污染物气经抽提管抽提进入尾气处理装置进行净化后排放。工艺原理如图 4-8 所示。

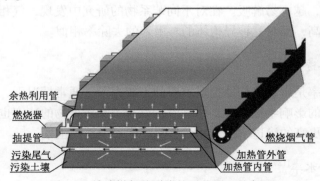

图 4-8　堆式燃气热脱附的工艺原理示意[188]

2）工艺流程

流程主要分为堆体建设、设备安装和修复运行三部分（图4-9），具体包括：①在焦化场地原址上将土壤清挖并预处理；②在厂区内定位投线进行土壤分层铺设与井管布设；③对堆体外进行隔热层建设，防止堆内的热量散失；④堆体外进行燃气供应、尾气尾水处理等系统安装，最终等待堆体修复运行。

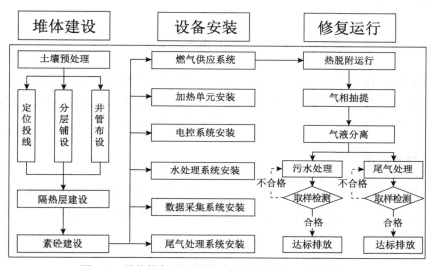

图4-9　异位燃气热脱附结合气相抽提的工艺流程[188]

3）结果分析

修复运行至20天时，对12组土壤样品（6个采样点）中的TPHs和苯并[a]芘两种主要污染物进行第一批次采样检测。检测结果如图4-10所示，其中S-01-0.5、

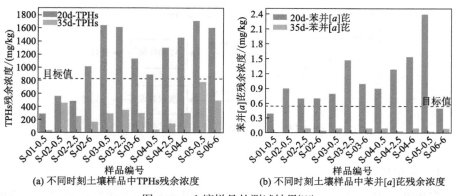

(a) 不同时刻土壤样品中TPHs残余浓度　(b) 不同时刻土壤样品中苯并[a]芘残余浓度

图4-10　土壤样品的测试结果[188]

S-02-0.5 和 S-02-2.5 三组样品中 TPHs 残余浓度分别达到 291 mg/kg、556 mg/kg 和 447 mg/kg，S-01-0.5 和 S-06-6 两组样品中苯并[a]芘残余浓度分别达到 0.4 mg/kg 和 0.5 mg/kg，已满足修复要求，但其余组样品仍超标严重，整体修复达标率不足 25%。运行 35 天时，对堆体进行第二批次采样检测后发现，此时 12 组土壤样品中 TPHs 和苯并[a]芘残余浓度均已分别降至 31~775 mg/kg 和 0.01~0.09 mg/kg，远低于修复目标值，同时土壤中苯并[b]荧蒽、菲等其他有机污染物均未被测出，修复达标率为 100%。

4.2　多相抽提技术

多相抽提技术（multi-phase extraction，MPE）是当前国外处理工业污染场地土壤和地下水有机物污染的主要技术之一[189]。与 SVE 技术相比，MPE 的修复范围扩大，同时减少了含水层土壤被地下水再次污染的风险[190,191]。

4.2.1　技术原理

MPE 技术通过使用真空提取等手段，同时抽取地下污染区域的土壤气体、地下水和浮油层到地面进行相分离、处理，以控制和修复土壤与地下水中有机物污染的环境修复技术[192]。

4.2.2　系统构成

1. 多相抽提系统组成

多相抽提系统通常由多相抽提、多相分离、污染物处理三个主要工艺部分构成[189]。MPE 处理系统工艺如图 4-11。

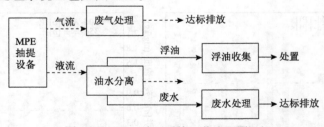

图 4-11　MPE 处理系统工艺流程图[183]

1）多相抽提

多相抽提设备是 MPE 系统的核心部分，图 4-12 是多相抽提井结构，它的作用是同时抽取污染区域的气体和液体，把气态、水溶态以及非水溶性液态污染物从地下抽吸到地面上的处理系统中。MPE 系统可以分为单泵系统和双泵系统。其中单泵系统仅由真空设备提供抽提动力，双泵系统则由真空设备和水泵共同提供抽提动力。

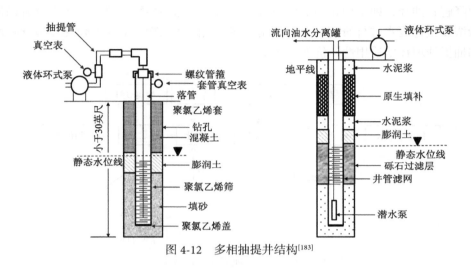

图 4-12 多相抽提井结构[183]

2）多相分离

多相分离指为保证抽出物的处理效率而进行的气-液及液-液分离过程。分离后的气体进入气体处理单元，液体会通过其他方法进行处理。典型的油水分离设备一般利用重力沉降原理将浮油层刮去，分离出含油量低的水。

3）污染物处理

经过多相分离后，含有污染物的流体被分为气相、液相和有机相等形态，结合常规的环境工程处理方法即可进行相应的处理处置。气相中污染物的处理方法目前主要有热氧化法、催化氧化法、吸附法、浓缩法、生物过滤及膜法过滤等，液相中污染物的处理技术工艺目前主要包括空气吹脱、碳吸附、高级氧化、生物反应器等。收集的自由相污染物应当存储在储罐中作为危废进行处理，或外送专业机构进行处理，如果回收的 NAPL 足够纯净，没有沉淀物，并且有足够高的热值，则可以将回收的 NAPL 作为热气相处理设备（即催化氧化、热氧化、内燃机或火炬）的补充燃料。

2. 工艺流程

本项目的地下水采用分区抽提的方式，同时结合多次抽提、药剂灌入辅助措施进行治理修复。针对氰化物、石油烃和重金属（砷）3 类污染物，分别采用针对性技术手段和工艺流程。其技术路线分别为图 4-13、图 4-14 以及图 4-15。氰化物污染地下水采用化学氧化法去除污染物；石油烃采用碱活化过硫酸钠方式，激发带有高氧化还原电位的自由基（硫酸根自由基）对污染物的基团进行攻击，从而降解石油烃，即采用化学氧化与沉淀法结合去除污染物；梁玉兰等对含砷高质量浓度氰化废水进行研究，普遍采用沉淀法去除污染物。对于原位化学氧化技术和抽提处理技术适用性评价如表 4-2。

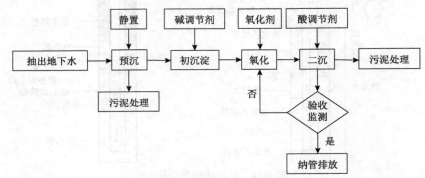

图 4-13　氰化物污染地下水处理技术路线[193]

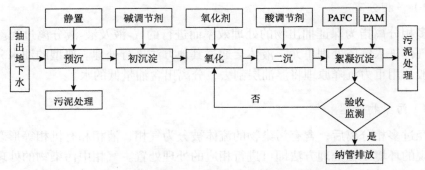

图 4-14　石油烃污染地下水处理技术路线[193]

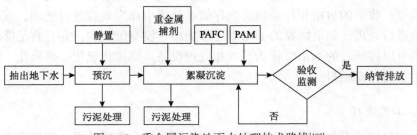

图 4-15　重金属污染地下水处理技术路线[193]

表 4-2　原位化学氧化技术和抽提处理技术适用性评价[193]

评价项目		修复技术	
		原位化学氧化	抽提处理
技术	技术原理	注入氧化/还原药剂促使地下水水中有机物分解	用泵将地下水抽到地面进行净化处理
	适用范围	适用于各类有机物污染，对于存在自由相污染区域适用性较差，对于渗透系数较低土层药剂较难扩散	能短时间内迅速降低地下水中污染物水平，适用范围广泛
	技术优势	操作简单，快速高效，处理深度可达地下数十米	技术操作简单，处理速度快，效果好
	修复时间	3~6 个月	1~3 个月
经济	修复费用	一般	较便宜
环境	二次污染	较小	废水地面处理可能产生一定的二次污染
安全	人员健康影响	较小	较小

3. MPE 工艺

该修复工程采用的是集装箱式成套 MPE 系统，工艺流程图如图 4-16，其抽提井结构如图 4-17。污染地下区域内的土壤气体、地下水以及非水相液态污染物均以气水混合物的形式被真空抽提至气水分离器中来达到气、水、油分离的目的。被分离的非水相液态污染物（NAPL）视为危险废物外送至专门机构处理；分离出的地下水通过真空泵统一收集至地面水处理模块中集中治理，废水先通过初沉池、二沉池达到悬浮颗粒物沉淀的目的，再通过添加双氧水反应的药剂添加池，下一步通过活性炭吸附池，利用活性炭进一步吸附废水中残留的目标污染物，最后贮

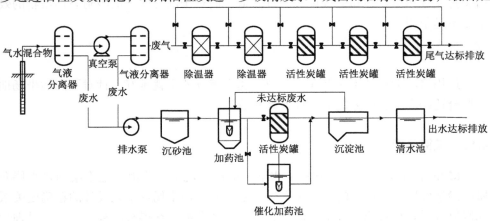

图 4-16　多相抽提废水废气处理系统[194]

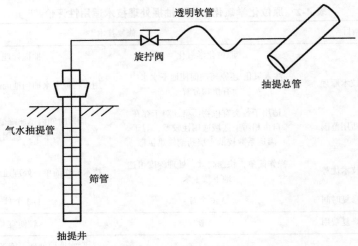

图 4-17　抽提井结构[194]

存于出水池中，经取样检测达标后排入场地附近的市政污水管网；分离出的气体则是先后通过 MPE 系统中的除湿剂隔仓与活性炭吸附隔仓经 PID 设备检测达标后排入大气。

1）复杂性

对于地质条件复杂、污染源不明的污染场地，多种修复技术的联合使用可能会明显加快修复进度、提高修复效率、节约修复成本。

2）针对性

针对满足地质条件的场地，多相抽提技术能够将土壤、地下水中高浓度的自由态挥发性污染物在短时间内大幅度降低，而对于部分残留的吸附态污染物的效果则不是很明显。

3）实用性

运用多项抽提技术时并非真空负压越高修复效率就越好，针对不同污染场地选取合适的真空负压才能显著提高修复效率。

4.2.3　关键参数

MPE 技术对土壤气体和地下水抽提的最大流量主要由场地土壤和含水层介质的渗透性以及污染物的性质决定。SVE 法修复污染场地工艺设计的精确度关系到修复效果好坏及修复成本的高低，所需工艺参数的获得有两种方式：一是理论公式计算值；二是现场参数试验[195]。

1）渗透系数

渗透系数（K）又称水力传导系数，是衡量多孔介质透水性能的参数。通常情况下，当场地土壤为细砂土或砂质粉土时，场地渗透系数条件最适合采用多相抽提处理。

2）渗透率

渗透率（intrinsic permeability，k）也是衡量多孔介质渗透性能的参数。

3）导水系数

导水系数（transmissivity，T）是衡量整个含水层导水能力的参数。

4）空气渗透系数

空气渗透系数描述了气体通过土壤孔隙的难易程度。在同样的真空度下，较高的空气渗透系数意味着较高的流速。MPE 的土壤气体抽提部分对污染物的去除机制主要在于污染物的挥发性和空气流通效果，所以空气渗透系数对 MPE 的影响至关重要[192]。

5）土壤异质性

土壤的异质性很大程度上影响着土壤气体在 MPE 修复过程中的流量[192]。土壤的异质性指土壤结构、分层、质地及颗粒组成。土壤中的一些裂隙或者二级孔隙结构（例如根系孔隙、动物洞穴和虫孔等）都会导致土壤总体渗透性升高，并造成局部优势流的形成。在场地的垂直方向上，由于土壤的分层，土壤渗透性也可能发生较大的变化。

6）土壤含水率

在干燥的土壤中，土壤孔隙完全充满气体，大部分孔隙可以为气体的流动提供有效通道，有利于进行 MPE 修复。

4.2.4　场地应用

针对某工业搬迁企业地下水中苯的污染，采用了多相抽提+原位化学氧化工艺进行修复处理[196]。

1）工艺设计

本研究采用多相抽提+原位化学氧化工艺进行修复处理。以真空泵为抽提设备，抽出混杂有部分气体的污染地下水，随后在气水分离器内进行气水分离，分离出的气相部分通过废气治理措施处理达标后 15 m 高空排放。分离出的地下水则经污水处理系统处理，达到修复目标值后加药原位注入。其技术路线图如图 4-18 所示，工艺流程如图 4-19 所示。

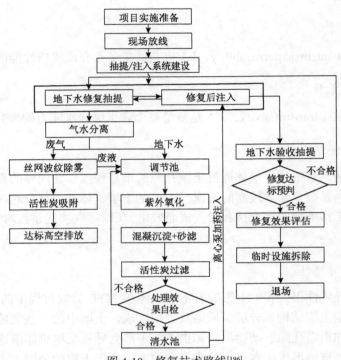

图 4-18　修复技术路线[196]

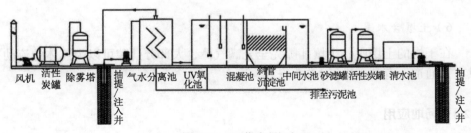

图 4-19　工艺流程[196]

2）结果分析

经过 60 天的连续抽提+回注交替运行，每 4 天对监测井中地下水进行采样，送第三方实验室监测苯的浓度，其结果如图 4-20 所示。由图可知，经多相抽提处理后原位加药回注约 0~36 天，地下水监测井中苯的浓度整体呈下降趋势，偶有小幅波动，其中第 12，24，32 天较上一次对比有少量的上浮，这可能是由于井与井之间土壤中的苯迁移至监测井所致。抽提/回注 40 天后，监测井中的苯浓度基本趋于稳定，且浓度低于修复目标值。随着抽提/回注的周期交替，其浓度下降不明显，认定为进入了拖尾期，故修复日期以 40~50 天为宜。

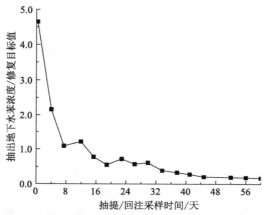

图 4-20　抽提/回注系统监测井苯的浓度变化[196]

4.3　土壤淋洗技术

4.3.1　技术原理

土壤淋洗技术是指将可促进土壤污染物溶解或迁移的化学溶剂注入受污染土壤中，从而将污染物从土壤中溶解、分离出来并进行处理的技术。作用机制在于利用淋洗液或化学助剂与土壤中的污染物结合，并通过淋洗液的解吸、螯合、溶解或固定等化学作用，达到修复污染土壤的目的。土壤淋洗修复的实现方式主要分为原位淋洗和异位淋洗，其中异位淋洗又可分为现场修复和离场修复。

4.3.2　系统构成

1. 异位淋洗工艺流程

异位淋洗修复技术相对于原位淋洗修复技术应用更广泛，工艺更为复杂，其首要目标是减量，即利用污染物的粒径分布特性将污染物浓缩，其次是降低污染物浓度，即将污染物直接从土壤中去除。典型异位淋洗技术工艺如图 4-21 所示。

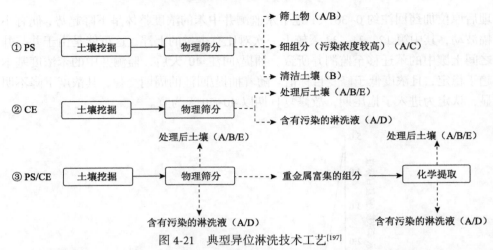

图 4-21 典型异位淋洗技术工艺[197]

A. 非原位处理（有或没有稳定/固化）；B.原位处理（将土壤归还原处）；C.用化学、湿法或火法回归金属；D.水
处理回收金属（如离子交换、电解）；E.中和或除去化学试剂

PS 工艺前需经预处理将 5 cm 以上的大块物料筛除，并将相对洁净的粗颗粒如砂石、砾石（>230 目或 63 μm）与重金属富集的细颗粒如粉粒和黏粒（<230 目或 63 μm）分离，得到的细颗粒进一步处理，实现污染土壤的减量化。

1）PS 工艺

PS 工艺影响因素包括土壤特性，如粒径分布、黏粒含量、含水率、腐殖质含量、基质异质性、土壤基质与重金属污染物密度异性、颗粒表面的磁性及疏水性等。PS 工艺重在筛分方式，包括机械筛分、水力分级、重力浓缩、泡沫浮选、磁力分选、静电分选和摩擦清洗等。

2）CE 工艺

CE 工艺利用液相化学淋洗剂，如酸或螯合剂将污染物从土壤中解吸下来并溶解于溶液中，达到污染物去除的目的，即采用药剂对土壤直接洗涤。CE 工艺的主要影响因素包括：土壤的地球化学性质，如土壤质地、阳离子交换浓度、缓冲能力、有机质含量等；重金属污染物特性，如重金属类型、浓度、赋存形态等；化学淋洗试剂添加量及淋洗效率；工艺过程参数，如 pH、停留时间、连续提取次数、添加方式、液固比等。CE 工艺重在化学淋洗剂的选择，其不仅影响 CE 工艺的效果，也对整个异位淋洗技术的成本控制起到重要作用。

3）PS/CE 工艺

PS/CE 工艺首先采用 PS 工艺将不含或含有少量污染物的粗颗粒分离实现污染

土壤的减量化,再采用 CE 工艺对重金属含量较高的细颗粒进行淋洗以去除污染物。部分国外异位淋洗技术修复工程案例见表 4-3。

表 4-3　部分国外异位淋洗技术修复工程案例[179]

场地名称	工艺	污染物初始浓度	处理量及处理效率
King of Prussia Technical Corporation Superfund Site（美国）	PS：筛分,分离,浮选,污泥处理	Cr 8 010 mg/kg（最高 11300 mg/kg）, Cu 9 070 mg/kg（最高 16 300 mg/kg）, Hg 100 mg/kg, Pb 389 mg/kg, Ni 11 100 mg/kg	19 200 t, 25 t/h（含水率 15%, pH 6）
THC/Bergmann USA former auto/metal salvage site（加拿大）	PS：筛分,水力旋流器,摩擦擦洗,密度分选; CE：酸浸,离子交换螯合树	Cu 1 223 μg/g, Ni 469 μg/g, Pb 1 687 μg/g, Zn 3 072 μg/g	820 t, 50 t/h。处理效率: Cu 86%, Ni 82%, Pb 87%, Zn 93%
BESCORP's soil washing process（美国）	PS：磨,筛分,水力旋流器,重力筛分机,重力跳汰机; CE：盐酸酸浸	Pb 4 117 μg/g	835 t, 6 t/h。处理效率: Cu 97%, Pb 90%, Zn 89%
Longue Pointe site（加拿大）	PS:筛分,重力及磁力分选机,重力跳汰机; CE：湿法冶金, Vitrokele™ 吸附	11 800 μg/g	150000 t, 600 t/d。Pb 的修复效率为 93%
Biogenesis sediment washing technology for remediation of dredged materials（90% silt/clay）（美国）	CE：高压水洗,表面活性剂,重金属分离浸提液反应器浸提; PS：水力旋流器及湿筛	As 12.3 μg/g, Cd 3.1 μg/g, Pb 157 μg/g, Zn 279 μg/g, Hg 3.9 μg/g	200000 m³, 30 m³/h。处理效率: As 36%, Cd 61%, Pb 57%, Zn 53%, Hg 92%

筛分方式及设备的选择是异位淋洗技术的重中之重,应根据污染场地土壤粒径分级和筛分方式来选择高效的筛分设备并进行集成。异位洗脱修复工艺见图 4-22。

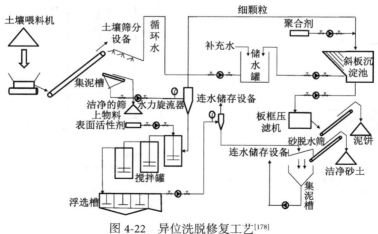

图 4-22　异位洗脱修复工艺[178]

A. 机械筛分

通过料斗和振动筛将＞8英寸（约 203.2 mm）的混凝土、树枝等物质筛除，筛下物经振动筛将＞2英寸（约 50.8 mm）物料筛除，粒径＜2英寸的物料用湿法筛分设备筛分出豆子大小的碎石并形成泥浆。

B. 水力分级

通过设置多级水力旋流器粗、细料的"切割点"为 40 μm，将泥浆分成粗、细粒度物料（分离效率＞99%），粗粒物料从水力旋流器下部排出进入泡沫浮选阶段，细颗粒物料进入压滤系统。

C. 泡沫浮选

粗粒度物料中的污染物通过添加表面活性剂的空气浮选处理单元去除，污染物"浮动"变成泡沫从空气浮选槽的表面除去，并输送至污泥处理系统，从浮选槽下部流出的清洁砂土输送至砂脱水筛脱水，约 85%洁净物料回填，水回流至湿法筛分设备回用。

D. 污泥处理

由水力旋流器溢流出的含细物料的泥浆通过泵输送至斜板沉淀池，经聚合沉淀后输送至污泥浓缩池，最终通过压滤机脱水（含水率由 75%~80%降至 40%~50%），滤饼异地处理处置，压滤系统用水回用至湿法筛分设备。

2. 土壤淋洗工艺流程

1）流程图

简易小试流程如图 4-23，污染土壤淋洗工艺流程如图 4-24。

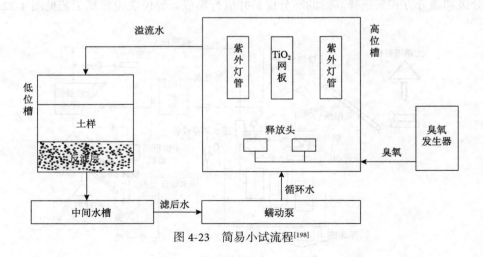

图 4-23　简易小试流程[198]

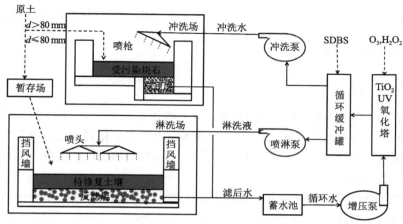

图 4-24　污染土壤淋洗工艺流程[198]

2）流程要点

在淋洗阶段增加了十二烷基苯磺酸钠（SDBS）以增强有机物的脱附作用，在催化氧化阶段增加了复合氧化剂 H_2O_2 以协同提高关注污染物的去除效果，每批次的修复周期为 15 天。关键设计参数如表 4-4。

表 4-4　关键设计参数[198]

项目	指标
每批次修复量/m³	1500
每批次修复周期/d	15
淋水强度/[L/（m²/min）]	2
臭氧加入量（循环液）/（mg/L）	20
双氧水加入量（循环液）/（mg/L）	10
催化氧化塔停留时间/min	30

3）实验结果

（1）批次修复后土壤检测：将淋洗场堆土平均分为 12 个区块，每个区块中心按表层、0.5 m 深、1.0 m 深采集 3 个土样制成 1 个混合样，共计 12 个样，测定土壤中关注污染物的含量。

（2）修复终点循环液检测：执行《污水综合排放标准》（GB 8978—1996）一级标准。

（3）修复场地土壤检测：拆除修复设施和防渗层，将整个场地平均分成 25 个区域，每个区域选取 9 个点位 0.4 m 深度处的表层土组成一个混合样。经检测，其中 15 个点位未检出关注污染物，检测到的土壤中硝基甲苯一氯、二氯代物的最高含量分别为 0.9 mg/kg 和 0.03 mg/kg，地下水中的浓度均小于 0.005 mg/L。

3. 氧化淋洗联合工艺流程

1）氧化和淋洗联合应用

应用化学氧化技术，在合适的药剂用量（3%以上）和反应条件（反应时间 7 天以上）下，土壤中总氰化物去除率达到 80%以上；但氧化过程也会导致土壤中易释放氰化物比例增加，不利于土壤中浸提液中总氰化物浓度的去除，最优条件下去除率仅为 52%。

应用淋洗技术，在单次淋洗条件下，土壤中总氰化物的去除率小于 50%；而由于易释放态氰化物更易于向水相中迁移，单次淋洗后土壤浸提液中总氰化物浓度去除率达到 80%。

按照土壤中总氰化物和土壤浸提液中总氰化物的双重修复目标要求，由于氧化技术对土壤总氰化物去除效果好、淋洗技术对土壤浸提液中总氰化物去除率高，故在天津某氰化物污染场地土壤修复项目中结合两种技术的优势，以较低成本实现修复达标是可行的。

按照氧化淋洗联合应用的技术思路，在天津某氰化物污染土壤治理项目进行工程应用。工程分为氧化单元和淋洗单元，路线图如图 4-25 所示。

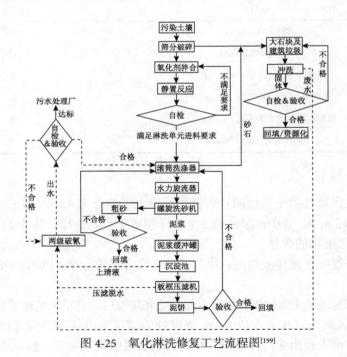

图 4-25　氧化淋洗修复工艺流程图[199]

（1）氧化单元实施方案。将污染土从暂存区短驳进入修复区，在封闭的钢结构罩棚内完成土壤的预处理筛分破碎工作，分离出土壤中的大块建筑垃圾，并针对分离出的大块建筑垃圾进行冲洗处理。将筛分破碎后的土壤在罩棚内完成氧化剂的拌和，加药量按照3%的质量比。加药后的污染土由装载机送入静置反应区，维持土壤含水率30%~40%养护7天后进行自检，自检合格后进入淋洗单元。

（2）淋洗单元实施方案。氧化自检合格的污染土壤进入淋洗单元，分别经过滚筒洗涤器、水力旋流器、螺旋洗砂机环节进行清洗，在滚筒洗涤器处分离出＞2 mm的砂石，同时在螺旋洗砂机处分离出50 μm~2 mm粗砂，经板框压滤后分离出＜50 μm的土壤颗粒。淋洗和冲洗环节产生的污水进入污水处理装置进行破氰处理，处置合格后作为淋洗液循环使用。淋洗单元土水比控制在1∶5左右。

（3）淋洗单元出料砂石合并进入建筑垃圾冲洗环节。对出料的细粒土壤和粗砂进行自检，自检合格后申请验收。

（4）淋洗单元的自检合格标准：土壤中总氰化物含量小于9.86 mg/kg，土壤浸提液中总氰化物含量小于0.1 mg/L，即满足本项目的最终修复目标值。

2）实验结论

（1）在氧化条件下，随着氧化剂用量的增加，土壤中总氰化物呈现下降的趋势，土壤中氰化物的形态从络合态向易释放态转变，土壤浸提液中总氰化物的浓度呈现先升高后降低的趋势；当氧化剂用量为5%时，总氰化物浓度从51.2 mg/kg降低至9.23 mg/kg，满足总量的修复目标，而土壤浸提液浓度从初始的1.6 mg/L降低至0.79 mg/L，未能达到修复目标。

（2）在振荡淋洗条件下，对土壤淋洗5次。随着淋洗次数的增加，土壤中总氰化物呈现下降的趋势，土壤中氰化物的易释放态逐渐减少，土壤浸提液中总氰化物浓度呈现快速下降的趋势；在淋洗3次时，土壤浸提液浓度从初始的1.6 mg/L降低至0.04 mg/L，达到修复目标，而土壤总氰化物含量从51.2 mg/kg降低至10.2 mg/kg，未能达到修复目标。

（3）氧化技术和淋洗技术联合使用时，在氧化剂用量为3%，淋洗1次条件下，土壤氰化物可以满足总量（9.86 mg/kg）和浸出（0.1 mg/L）的双重修复目标。

本研究成果已成功应用于天津某氰化物污染场地修复项目。土壤修复成本与原水泥窑热解处置成本基本持平。本技术的应用加快了该项目实施进程，对于降低修复工程的邻避效应风险和二次污染风险发挥了重要作用。研究成果和应用案例可为今后国内其他同类项目提供经验借鉴和技术参考。

4. 分级分筛式异位土壤淋洗工艺

1）洗脱工艺流程

分级分筛式异位土壤淋洗工艺见图 4-26。称取 50 kg 重金属污染土壤，经垃圾分拣机将土壤中树根、塑料袋等垃圾分拣出来，然后进入滚筒制泥机，同时向滚筒制泥机喷淋高压淋洗液（去离子水），重金属污染土壤经给湿、淋洗后，保持淋洗液与土壤充分混匀，土壤在滚筒制泥机里成为泥水混合物。泥水混合物接着进入二级高频振动筛，同时也向高频振动筛喷淋高压淋洗液，将粒径大于 10 mm 的石块、砾石等大颗粒杂质分离出来，这些粒径大于 10 mm 物料由高频振动筛上层滑入皮带输送机，完成物料分离，这部分大颗粒物料在自然条件下风干用于后续试验。透过高频振动筛上层物料，粒径在 2~10 mm 颗粒物质通过皮带输送机进入洗砂机，同时也向洗砂机物料喷淋高压淋洗液完成粗砂分离，洗砂机出料的粗砂在自然条件下风干用于后续试验。

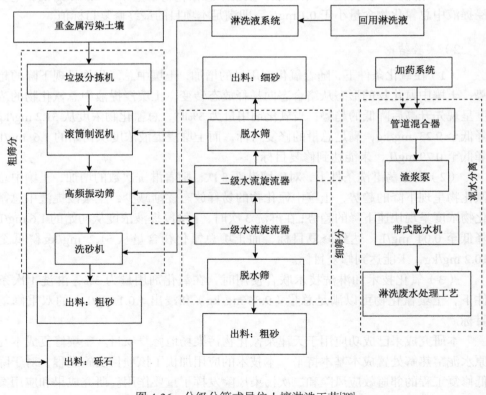

图 4-26　分级分筛式异位土壤淋洗工艺[200]

2）淋洗废水处理

压滤淋洗废水处理工艺见图 4-27。土壤中重金属污染物通过淋洗过程转移至淋洗液中，需去除淋洗废水中重金属和悬浮杂质方可用作循环回用水。如压滤淋洗废水处理回用工艺流程图，压滤淋洗废水先进入混凝反应池，向混凝池先后加入聚铝和聚丙烯酰胺，反应形成絮体，接着进入初沉池对絮体进行沉淀，上清液进入重金属捕集剂池，向重金属捕集剂池中投加 DTC 类重金属捕集剂去除压滤废水中重金属离子，之后静置沉淀，上清液经砂滤装置过滤后出水用作淋洗液。

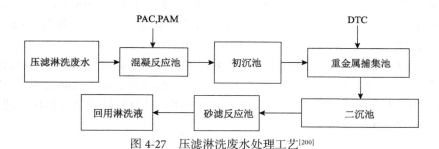

图 4-27　压滤淋洗废水处理工艺[200]

5. 异位重金属淋洗工艺流程

现场中试试验和修复施工采用异位重金属淋洗设备，主要包括物理分离单元、淋洗单元、脱水单元、污水处理单元。污染土壤（粒径≤100 mm）通过挖掘机送至进料口，污染土通过喂料系统送入滚筒洗石机，经水流的冲刷，物料与滚筒内壁、物料之间的摩擦作用，土壤溶解成泥浆。末端粗料则输送到粗料堆放区，而细颗粒（粒径≤5 mm）及泥浆水经过滤孔进入滚筒下部集水箱，经渣浆泵排放至细砂回收机内。在水利旋流器和高频振动筛的作用下，细砂筛出并输送到细砂堆放区。黏粒泥浆（粒径≤0.1 mm）通过管道输送到淋洗池。在淋洗池中，加入淋洗剂 EDTA，经搅拌混合。混合时间满足要求后，泥浆进入脱水单元，通过板框压滤机进行泥水分离。压滤后的土壤输送至修复待检区，废水输送至水处理单元进行处理，处理工艺采用絮凝沉淀[201]。

土壤经开挖暂存至异位修复区后，进行破碎筛分预处理。混匀后的土壤（粒径＜50 mm）利用挖掘机送至重金属淋洗设备进行修复。

6. 超声强化淋洗土壤流程图

1）超声强化淋洗土壤

超声强化淋洗土壤修复包括如下步骤[202]：①挖掘污染土壤样品；②采用微波

消解法测定土壤中 Pb、Cd、Cu 含量；③超声强化淋洗实验设计。

2）实验结果

（1）水对于土壤中重金属基本没有洗脱效果，柠檬酸、EDTA 和皂角苷都有较好的重金属洗脱效果。柠檬酸对于 Cu 的去除率最高，可以达到 60% 以上。EDTA 对于 Pb、Cd 的去除率可达 85.11% 和 87.37%，明显高于柠檬酸（52.26%、83.55%）和皂角苷（56.62%、63.20%）。

（2）与传统振荡相比，超声强化可以显著提高重金属的去除率，缩短土壤重金属修复所需的时间。柠檬酸为淋洗剂时，超声强化淋洗 30 min 能达到与振荡淋洗 2 h 相近的重金属去除效果。EDTA 和皂角苷为淋洗剂时，超声强化对 Pb、Cd、Cu 的去除率相对于振荡平均高出 28.60% 和 120.47%。

（3）不同淋洗剂、不同淋洗方式对不同重金属的洗脱效果差异与重金属的形态及其所占比例有密切关系。超声强化对不同形态的重金属去除都起到了一定的增强作用。对于较难去除的残渣态重金属，EDTA 具有较好的螯合作用，超声也有一定的增强去除效果。

7. 重金属污染土壤淋洗工艺流程

重金属污染土壤淋洗工艺流程如图 4-28 所示。

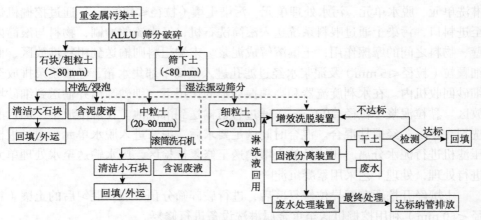

图 4-28　设计重金属污染土壤淋洗工艺流程图[203]

1）工艺流程具体过程

（1）污染土壤经挖掘及 ALLU 设备筛分预处理，将土块分为石块、粗粒土（>80 mm）和中、细粒土（<80 mm），其中石块、粗粒土经过高压冲洗处理后得到清洗干净的石块和污染冲洗水，石块放置在专门的石块堆放区，产生的污染

冲洗水进入增效淋洗装置进一步处理；污染土壤中过重过大的石块可被筛出并单独做淋洗处理，由于土壤颗粒越小，附着污染程度越高，大石块上的污染物少且容易清洗，所以不必进入到下个修复环节。

（2）中、细粒土可经过湿法振动筛分或水力分选，进一步分离出中粒土（20~80 mm）和细粒土（20~80 mm）和细粒土（<20 mm）中粒土经过传送带传送至滚筒洗石机，通过混合污染土壤与淋洗液，对污染土壤进行清洗，清洗时间为 20 min，清洗产生的淋洗液同样进入增效淋洗装置进一步处理；此阶段可实现土壤组分与回用水（含淋洗剂）的初步接触混合，同时将几乎不含污染物质的粗砾洗涤后直接排出，减少待处理污染土壤量。

（3）细粒土通过输送带进入增效淋洗装置。根据实验室小试及现场中试结果，向淋洗装置加入适宜的增效剂和淋洗剂，搅拌停止后静置 2 h，上清液进入污水处理设备，分级后的细粒进入泥水分离装置，泥饼根据污染性质选择最终处理处置技术。若泥饼中重金属超标则作为危险废物外运处置，若无则进行回填或资源化利用。

（4）洗脱系统的废水经污水处理装置去除污染物后，可回用或达标纳管排放。

2）淋洗系统

淋洗系统组成　淋洗成套装备由六大模块组成：

（1）进料计量模块，主要设备为装载机、进料斗、称料皮带机和大倾角皮带机。

（2）粗筛分模块，主要设备为滚筒淋洗制泥机、高效淋洗筛分振动筛、螺旋洗砂机、皮带机。

（3）精细筛分模块，主要设备为泥浆暂存池、一级旋流器组、二级旋流器组和振动脱水筛。

（4）泥水分离-稳定化模块，主要设备为淋洗废液稳定一体化处理装置、板框压滤机。

（5）废液处理及淋洗液回收模块，主要设备为污水池、斜板沉淀池、活性炭过滤罐、石英砂过滤罐和回用水箱。

（6）自动化控制模块，主要设备为自控集装箱和观察平台。

3）高效分级系统

黏性土壤淋洗修复过程中粒径高效分级系统的研发及应用，筛分设备比较见表 4-5。

表 4-5　筛分设备比较[203]

项目名称	振动分级筛	平面回转分级筛	水力旋流器	新型土壤筛分装置
工作原理	依靠自身重力分级	以离心旋转为驱动力进行分级	土壤溶液中大小颗粒在旋流器中密度差不同进行分级	依据颗粒大小孔径不同，以泵为动力源，将混合在水中颗粒进行分级
分级颗粒要求	仅对较大颗粒进行分级	粒径分级范围较广泛	要求粒径分级>5μm	颗粒粒径分级范围非常广泛，一般不受限制
分级速率	慢	中	快	快
占地面积	大	中	小	小
能耗	高	高	高	低
分级效果	分级效果一般	分级效果一般	分级效果较好	分级效果较好
用水量	无	无	高	低
故障率	高	高	低	低
运行费用	中	高	高	低

8. 重金属土壤清洗和修复工艺流程

1）流程及修复目标

本场地土壤中超过风险水平的污染因子有 5 种，重金属：镉、砷、锑；半挥发性有机物：六氯苯、苯并[a]芘。土壤清洗和修复目标见表 4-6。

表 4-6　土壤清洗和修复目标图[204]

序号	污染物	清挖和修复目标值/（mg/kg）
1	镉	20
2	砷	20
3	锑	20(28)
4	六氯苯	0.33
5	苯并[a]芘	0.55

污染场地修复技术工艺见图 4-29、机械淋洗工艺路线图 4-30。本场地土壤采取异位处置模式，重金属污染体量较大，而且外运消纳地点受到限制，故采取土壤淋洗技术，修复合格后土壤用于基坑回填；污染地下水采用抽提处置，抽提至现场的污水池，经过地面一体化废水处理设备，处置达标之后进行纳管排放。

（1）土壤预处理：开挖出来的污染土壤分类堆放，相同污染物的土壤堆积在一起，由于刚开挖出的土壤含水率较高，而且具有黏性，为了改良土质黏性和含水率，根据实际情况加入 0%~2%的石灰进行水分调节，然后进行筛分。

（2）单一重金属污染土壤修复施工：重金属土壤淋洗，是指在土壤中注入淋洗液，使其与污染土壤充分搅拌混匀，形成溶解性的重金属离子或金属络合物，将重金属由固态转至液态中，降低土壤中污染物浓度，再对淋洗废液进行处理及利用的过程。

（3）土壤机械淋洗：机械淋洗技术系统包括进料单元、滚筒筛、振动筛、药剂加药装置、反应单元、脱水单元、废水处理单元等。

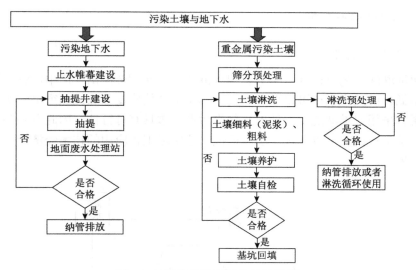

图 4-29　污染场地修复技术工艺[204]

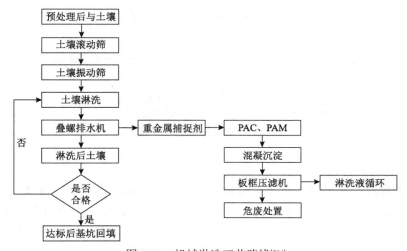

图 4-30　机械淋洗工艺路线[204]

2）土壤建堆淋洗

土壤建堆淋洗是土壤淋洗技术的一种，该技术是将污染土壤在淋洗池中建堆堆置，通过上方均匀喷洒淋洗液、浸提、水处理从而去除土壤中污染物的过程。

建堆淋洗工艺主要包括土壤预处理、土壤建堆、浸提、固液分离、水处理等过程。建堆过程是实施建堆淋洗的关键环节，土堆的规模、均匀度、压实度等会影响淋洗的效果。

9. 建堆淋洗工艺流程

1）建堆淋洗概述

建堆淋洗工艺流程见图 4-31，建堆淋洗工艺在黄金矿山生产中广泛应用，处理成本低，淋洗废水还可以循环利用，相比于其他修复方法优点突出。实验室研究表明，采用建堆淋洗工艺处理氰化物污染土壤具有可行性，因此有必要开展更大规模的工程试验，以期进一步验证该工艺实际工程应用的技术经济指标，评价工程效果。

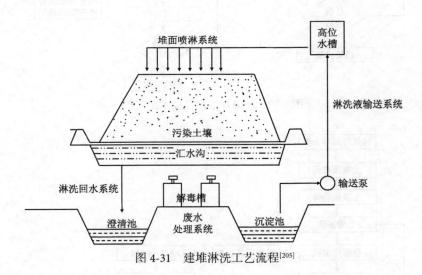

图 4-31　建堆淋洗工艺流程[205]

2）建堆淋洗工艺系统

建堆淋洗工艺系统主要由淋洗液输送系统、堆面喷淋系统、淋洗回水系统、废水处理系统构成，淋洗水在整个体系中循环使用。试验主要分两个步骤：

（1）建堆-淋洗过程。先将污染土壤建堆，并利用循环水淋洗，使土壤中污染物溶于水溶液中，从而实现降低土壤污染物浓度的目的。

（2）含污染物废水的解毒过程。采用有效的解毒药剂对废水进行解毒，达到降解（沉淀）废水中污染物的目的，解毒后的废水再循环使用。

采用碱性水淋洗可去除土壤中的部分有机物，被淋洗出的有机物部分富集于废水表层。

3）实验结论

建堆淋洗工艺可有效去除污染土壤中的氰化物，经过 45 天的淋洗，土壤中氰化物浓度从 114.30 mg/kg 降至 5.57 mg/kg，满足《建设用地土壤污染风险筛选指导值（三次征求意见稿）》中住宅类用地要求（9.86 mg/kg）；土壤氰化物浸出毒性为 0.017 mg/L，达到《地下水环境质量标准》（GB 14848—93）中Ⅳ类标准；处理后土壤中重金属和有机物浓度全部达到《建设用地土壤污染风险筛选指导值（三次征求意见稿）》中住宅类用地标准。

10. 放射性核素钍污染土壤有机酸化学淋洗工艺

如图 4-32 为试验流程及装置示意图。

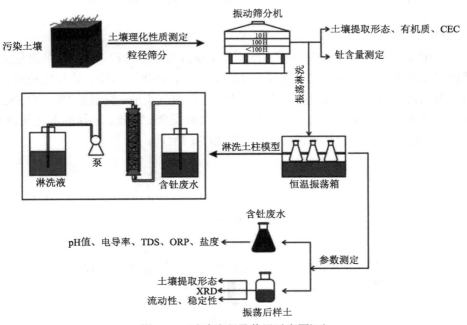

图 4-32　试验流程及装置示意图[206]

1）样品测试

湿筛法筛分供试土壤粒径，比重法测试土壤颗粒组成，电位法测定 pH 值，重铬酸钾容量法测定有机质，EDTA-乙酸铵盐交换法测定阳离子交换量，混合酸法消解土样，电耦合等离子发射光谱仪测定钛含量。pH 计（3T3100）测定 pH 值和氧化还原电位 ORP（mV）、电导率仪（DDS-11A）测定电导率（μS/cm）与总溶解性固体 TDS（g/L），盐度检测器（SALTTestr11）测定盐度（%）。

2）淋洗效果条件试验

使用草酸、柠檬酸、酒石酸、苹果酸、乙酸作为淋洗剂，浓度梯度 0.01 mol/L、0.05 mol/L、0.10 mol/L、0.25 mol/L、0.50 mol/L、1.00 mol/L，固液比 1 g/10 mL，温度 25℃，恒温振荡 4 h、8 h、12 h、24 h。

3）淋洗动态迁移试验

将供试土壤进行粒径筛分，测定理化性质，明确各粒径土壤质量分数、钛含量。污染土壤在利用化学淋洗修复时，要求土壤黏性部分（粒径＜2 mm）比重小于 30%，低于该比例土壤黏性弱、易透水，土壤适宜使用化学淋洗修复。选择各粒径土壤进行振荡淋洗，筛选淋洗效果较优的淋洗剂进行土柱试验。设计室内淋洗土柱，进行土柱模拟淋洗，研究不同组合淋洗剂对钛的去除效果。

11. 电镀厂铬污染土壤淋洗

如图 4-33 所示为土壤淋洗示意图，在土壤淋洗修复过程中，使用的淋洗剂易残留于土壤中，对土壤环境生态系统造成难以估计的潜在风险；修复完成后，回收浓缩的污染物难以彻底消除，同时产生大量的废气废液，特别是 VOC/SVOC 容易再次进入环境系统，造成二次污染。建议加强安全、高效、环保的淋洗剂研发，并重视浓缩污染物和废气废液的高效回收和专门治理。

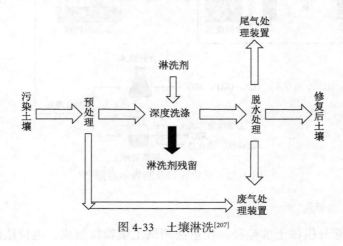

图 4-33　土壤淋洗[207]

4.3.3　关键参数

1. 参数

1）污染土壤样品中重金属全量和形态分析

取原泥风干过筛后进行重金属形态测试，测试方法为 Tessier 五步提取法[208]。该流程分为 5 步，先后分别提取 5 态。

第 1 态为可交换态，指交换吸附在沉积物上的黏土矿物及其他成分，如氢氧化铁、氢氧化锰、腐殖质上的重金属。由于水溶态的金属浓度常低于仪器的检出限，普遍将水溶态和可交换态合起来计算，也叫水溶态和可交换态。

第 2 态为碳酸盐结合态，指碳酸盐沉淀结合一些进入水体的重金属。

第 3 态为铁锰水合氧化物结合态，指水体中重金属与水合氧化铁、氧化锰生成结核这一部分。

第 4 态为有机物和硫化物结合态，指颗粒物中的重金属以不同形式进入或包裹在有机质颗粒上同有机质螯合等或生成硫化物。

第 5 态为残渣态，指石英、黏土矿物等晶格里的部分。

化学形态：一种元素的特有形式，如同位素组成、电子或氧化状态、化合物或分子结构等。形态：一种元素的形态即该元素在一个体系中特定化学形式的分布。形态分析：识别和（或）定量测量样品中的一种或多种化学形式的分析工作。顺序提取：根据物理性质（如粒度、溶解度等）或化学性质（如结合状态、反应活性等）把样品中一种或一组被测定物质进行分类提取的过程。

国际上非常重视化学形态分析方法研究，尤其是欧美等发达国家，大力开展化学形态分析活动，提倡国际交流和合作。

2）污染土壤淋洗剂的筛选试验

现阶段我国针对土壤淋洗技术的研究主要侧重于淋洗剂的筛选，常用于土壤淋洗的 3 类典型淋洗剂包括无机淋洗剂（水、酸、碱、盐等）、螯合剂、表面活性剂，淋洗剂的筛选原则是尽量选取淋洗效率高、环境友好型淋洗剂。

淋洗效率取决于淋洗剂对重金属的螯合能力以及产生螯合物的水溶性，单一淋洗剂对污染物的去除效果有限，为了有效利用不同淋洗剂对污染物的螯合增溶作用，可将多种淋洗剂组合形成复配淋洗剂以提高重金属去除效率[209]。周芙蓉等[210]考察了柠檬酸（CA）+$CaCl_2$、CA+$FeCl_3$ 及 CA+$CaCl_2$+$FeCl_3$ 复配淋洗剂对土壤中 Cd 的去除效果，结果表明复配淋洗剂对 Cd 的去除率均高于单一淋洗剂，且

CA＋FeCl₃ 对 Cd 的淋洗去除效果最好，去除率为 86.31%~89.61%。复配淋洗剂投加的先后顺序也会影响淋洗效果，蒋越等[211]选用 3 种天然有机酸（草酸、CA、乙酸）分别与二乙基三胺五乙酸（DTPA）进行复配淋洗，添加顺序为有机酸＋DTPA、DTPA＋有机酸两种，结果表明 DTPA＋草酸顺序组合的淋洗效果最佳。

3）污染土壤淋洗的最佳液土比

固液比是单位体积的污染土对应的淋洗剂的量，反映了土壤颗粒与淋洗剂接触的充分程度，通过影响淋洗液中作用离子与土壤微粒表面的污染物物理/化学反应的强度进而影响淋洗修复效果。易龙生等[212]研究表明，相比于固液比对淋洗重金属污染的去除效果影响很小。李世业等[213]研究了固液比变化对金属淋洗效果的影响，结果表明，固液比越小，淋洗去除率效果越佳。孙涛等[214]研究表明，固液比对淋洗效果影响不大。

4）污染土壤淋洗的最佳提取时间

淋洗时间是影响淋洗效率的另一个关键因子。通常，随着淋洗时间的增加，淋洗效率会随之提高[215]。朱光旭等[216]通过对尾矿重金属污染土壤的淋洗研究，结果表明，0.1 mol/L 的 EDTA，在液固比 6∶1，淋洗时间 3 h 时，淋洗 2 次时淋洗效果最好。易龙生等[212]开展了重金属污染土壤的淋洗效果研究，结果表明，淋洗时间为 8 h 时，有机酸对重金属 Cd 的去除效果最好，去除率达 96%。在工程修复实例中，淋洗时间过长将增大能耗，增加淋洗成本，同时也可能产生反吸附作用而降低淋洗效率，因此必须考虑到时间因素。

2. 污染物分析

1）污染土壤样品中重金属形态分析

目前，重金属形态分级方法应用最广泛的有 Tessier 连续提取法、BCR 三步提取法和 Sposito 顺序提取法。Tessier 连续提取法将重金属分为 5 种形态：可交换态、碳酸盐结合态、铁锰氧化物结合态、有机结合态和残渣态；BCR 三步提取法是在 Tessier 连续提取法的基础上提出的，将重金属形态分为弱酸提取态、可还原态、可氧化态和残渣态 4 种形态；Sposito 顺序提取法把土壤中重金属分为 6 种形态，分别为交换态、吸附态、有机结合态、碳酸盐结合态、硫化物残渣态和残渣态。

不同形态的重金属在不同的土壤环境下的活性不同。重金属在土壤中存在的形态与土壤性质密切相关。可交换态重金属多吸附在腐殖质和黏土上，易于转化；碳酸盐结合态重金属对 pH 值最为敏感；铁锰氧化物结合态在氧化还原电位降低时会被释放；有机物结合态在强氧化条件下被释放；残渣态最为稳定。各淋洗剂对残渣态形式存在的重金属去除效果不明显，对可交换态和碳酸盐结合态的去除效果相对较好。淋洗剂中，以 EDTA 研究相对较多，对碳酸盐结合态去除效果最好，并能去除部分铁锰氧化结合态和有机结合态，其强螯合作用大大降低了重金属在土壤中的环境风险。

2）不同淋洗药剂对重金属的提取量分析

不同淋洗剂对重金属污染土壤的去除效果见表 4-7。淋洗剂一般为具有离子交换、螯合和络合等作用的液体。

表 4-7 不同淋洗剂对不同重金属污染类型土壤的修复效果[214]

淋洗剂	重金属污染类型	修复效果
硝酸铵、磷酸二氢铵、草酸铵	铅、锌	随着淋洗次数的增加，淋洗液中锌浓度下降，草酸铵随着浓度升高，下降幅度逐渐变小；淋洗液中的铅浓度随着淋洗剂浓度及淋洗次数的增加而增加。其中，草酸铵处理的增加较大
EDDS	镉、铜、锌、铅	EDDS 在 pH 5.5 的条件下，对镉、铜、锌、铅去除率最高，分别为 52%、66%、64%、48%
EDTA、EDDS	镉、铅	EDTA 和 EDDS 对镉的最高去除率分别为 82%和 46%；在 5~30 mmol/L 范围内，同一浓度下，对于铅的去除效果，EDDS 要高于 EDTA
柠檬酸	铬	当淋洗量达到 5.4 个孔隙体积时，土壤总铬去除率为 29%，且土壤中主要污染物铬的去除率达到 51%
Texapon N-40、Tween80、Polafix CAPB	铜、镍、锌、镉、砷	Texapon N-40 对铜、镍、锌的去除率分别为 83%、82%和 86%，Tween80 对镉、锌、铜的去除率分别为 86%、85%和 81%，Polafix CAPB 对镍、锌、砷的淋出率分别为 79%、83%和 49%
皂素	铜、铅、锌	在酸性（pH 4.0）条件下，对铜、铅、锌的最高去除率分别可达 95%、98%和 56%

目前，在诸多重金属中，对镉、铜、锌和铅等 4 种重金属研究最多，尤其是镉和铅。研究表明：同一种淋洗剂对不同土壤中重金属去除效果不同，这可能是由于不同土壤的性质、污染状态和重金属在土壤中存在的形态不同。淋洗修复技术适用于各种重金属污染类型的土壤，各种淋洗剂对土壤中重金属均具有较好的去除效果。由于不同淋洗剂具有不同的化学性质，存在一些缺点和局限性，无机溶液会引起土壤 pH 值的改变及土壤肥力的下降，并且不易再生利用；人工螯合剂和人工合成表面活性剂价格昂贵，生物降解性差，容易造成二次污染；天然有机酸和生物表面活性剂易被生物降解，但是生物表面活性剂产量低，因此，天然有机酸最具有发展前景。然而至今还没有一种淋洗剂能同时对所有重金属有较好

的去除效果[214]。

3）不同液土比对重金属的提取量分析

用化学提取剂进行土壤重金属提取试验，液土比是一个重要的参数；液土比太小不能完全提取土壤中易移动态的重金属，并且干扰很大，不利于测定；液土比太大会降低提取液中金属离子的浓度，增加后续淋洗废水的处理量和处理难度。由于水的稀释作用，提取的液土比越高，测定的土壤化学指标越低，也不利于试验的分析测试，并且有可能溶入干扰离子，造成分析的困难。所以选择合适的液土比，对重金属有效态提取实验至关重要。

4）提取时间对重金属的提取量分析

在以上最佳工艺参数和条件下，对不同提取时间进行研究，本研究以 24 h 为最终提取时间。从表 4-8 和表 4-9 的数据可以看出，由于淋洗初期土壤颗粒表面弱结合态的金属被快速释放，在淋洗 1 h 后重金属 Cu、Zn、Cd、Ni 和 Pb 的去除效率增加较快。随着淋洗时间的延长，各重金属的释放效率开始放缓，淋洗时间增加到 6 h 时，Cu、Zn、Cd、Ni 和 Pb 的去除效率分别达到 23.0%、27.2%、23.0%、28.0% 和 12.2%。随着淋洗时间的继续增加，各重金属元素的释放量已经很小，锌元素的提取量甚至有减小的趋势，所以去除效率增加幅度已不明显。考虑综合工程应用的时效性和目前的数据结果，淋洗时间采用 6 h 可以达到较好的淋洗效果。

表 4-8　供试土壤的各金属化学形态含量[207]（mg/kg）

形态	全量	交换态	碳酸盐结合态	氧化锰结合态	有机态	残渣态
铜	297.00	0.99	20.41	4.95	98.48	174.13
锌	275.50	6.39	15.92	7.20	31.16	222.25
铬	1563.75	35.31	40.68	26.07	93.24	1289.00
镍	678.88	35.19	28.33	25.52	88.30	454.38
铅	51.38	1.59	5.10	2.41	6.26	33.88

表 4-9　不同提取时间的重金属提取量[207]（mg/kg）

振荡时间	1 h	2 h	4 h	6 h	12 h	24 h
铜	52.33	56.77	63..77	68.10	76.77	82.53
锌	48.03	56.13	70.83	75.00	67.57	71.37
铬	281.83	303.60	328.20	358.60	384.17	446.33
镍	132.23	147.67	162.43	189.80	217.87	249.13
铅	2.51	3.89	4.79	6.29	6.87	8.14

　　由表4-7的数据分析可以看出，草酸、柠檬酸和EDTA对各个重金属的淋洗效果较好。3种淋洗剂相比较，EDTA成本最高，不易溶于水，淋洗效果也略差于草酸和柠檬酸；草酸对其他几种重金属的淋洗效果高于柠檬酸，且根据实验用试剂价格计算，成本也低于柠檬酸，但对铬的淋洗效果略差于柠檬酸，并且不易溶于水，操作较为复杂；柠檬酸尽管成本略高（表 4-10），对其余几种重金属的淋洗效果也不是最好。由于该污染土壤中铬为主要污染物，柠檬酸对铬的淋洗效果最佳，水溶性也较强，而且它是天然螯合剂，淋洗完后，残留在土壤中可以被生物降解，不会对环境造成二次污染。因此，综合以上各种因素和试验结果，筛选出柠檬酸为最佳淋洗剂，并进一步对其他淋洗参数进行优化、获取。

　　由图4-34可以看出，3种液土比对铜、锌和铅的提取能力顺序为：5∶1<10∶1<20∶1，提取量随液土比增大而逐渐增大。对铬和镍的提取能力顺序为：5∶1<20∶1<10∶1。当液固比为5∶1时，铬的提取量明显较小，当液固比上升20∶1时，铬的提取量反而下降，并且采用20∶1的液固比值，实际操作中会大大增加操作容量和压力，需要大功率高水平的设备才能完成，如此，运行成本将会大幅度增加。因此，较合适的液固比为10∶1。

表 4-10　几种淋洗剂的价格成本分析[207]

药品	工程应用相关的理化特性	淋洗药剂成本估算
乙酸（AR）	易溶于水和乙醇	150 元/t 土壤
盐酸（AR）	能与水和乙醇任意混溶	60 元/t 土壤
草酸（AR）	1 g 溶于 7 mL 水、2 mL 沸水	380 元/t 土壤
柠檬酸（AR）	易溶于水和乙醇	630 元/t 土壤
乙二胺四乙酸二钠（AR）	溶于水，不溶于乙醇	1500 元/t 土壤

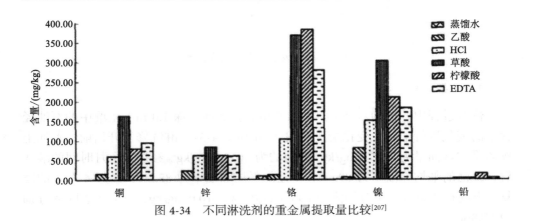

图 4-34　不同淋洗剂的重金属提取量比较[207]

4.3.4　场地应用

1）工艺设计

该研究针对广州市白云区某一石油污染场地作为研究对象，采用异位淋洗修复技术对土壤污染物进行处理，修复总量为 100 m³，将污染土壤挖掘出来放置于人工构建的土壤堆放池中，将含有淋洗剂的溶液通过水泵抽入人工土壤堆放池，使淋洗液下渗进入石油污染土壤，通过物理、化学作用将油从土壤颗粒表面解脱进入液相（滤液）中。滤液汇集于排水井，从排水井抽出含有废水进行处理。尾水经过滤后补充清洗剂流回注水井。在整个循环过程中，土壤中的污染物不断以浮油和气浮污泥的形式排出，使处置场地土壤得到净化[217]。

废水从排水井中抽出，先到隔油沉淀池，一方面将表面漂浮的油隔掉，另一方面，将带出的泥沙沉淀，然后进入絮凝反应池，投加 PAC 混凝剂和 PAM 或 GA-A 高分子絮凝剂。然后用砂滤池过滤，出水继续回用。浮渣和隔油沉淀池的沉渣排入污泥槽，经压滤机脱水，干泥外运，滤液回流到隔油沉淀池继续处理，经过这样不断循环，通过淋洗废水把土壤中的污染物不断带出，使土壤得到净化，淋洗废水处理工艺流程如图 4-35。

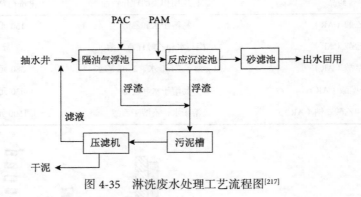

图 4-35　淋洗废水处理工艺流程图[217]

2）结果分析

修复过程中，分别对 A 池（深 1.5 m）和 B 池（深 1.0 m）土壤中的石油烃含量的变化进行记录，变化情况见图 4-36 和图 4-37。淋洗修复开始前，A 池土壤的平均含油量为 32175 mg/kg，B 池的为 30126 mg/kg。经过 1 个月时间的淋洗后，A 池的平均除油率为 89.6%，B 池的平局除油率为 85.2%，经过 6 个月的修复，土壤石油总烃含量分别降至 693.8 mg/kg 和 810.0 mg/kg，石油烃去除率分别为 97.8%、97.3%。

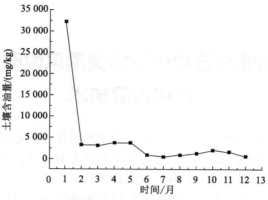

图 4-36　A 池土壤石油总烃变化图[217]

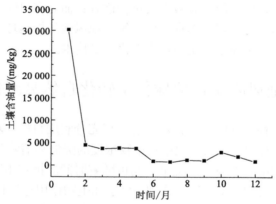

图 4-37　B 池土壤石油总烃变化图[217]

第 5 章 场地土壤和地下水健康风险防控地球化学转化修复技术

地球化学自然降解和衰减现象是基于表生地质作用和地球化学原理的一种自然规律。从时间尺度的地质作用和地球化学规律来看，任何持久性有机污染物和重金属的最后结局都是分散和稀释，任何物质和元素终将进入地球化学循环。自然衰减包括对流、弥散、稀释、吸附和生物降解等环节。所以，物质和元素的自然衰减被认为是一种实际的、不可避免的最终归属。特别地，对低风险、易去除污染物应首先采用自然降解和衰减方式进行修复；而对高风险、难去除污染物应采用强化修复技术进行修复。本章主要介绍场地风险防控地球化学转化自然衰减修复技术和场地风险防控地球化学转化强化修复技术。

5.1 场地风险防控地球化学转化自然衰减修复技术

自然衰减是一种被动的修复技术，它是指充分利用自然环境中的物理化学以及生物降解作用，实现对污染场地中污染物浓度的降低和消除[218,219]。自然衰减的理论依据为多数污染物在自然环境下，均可随着时间的推移不断衰减，但衰减过程通常需要较长的时间完成。这些物理、化学和生物作用包括稀释、扩散、挥发、吸附、生物稳定、生物降解以及放射性衰减等。控制土壤中重金属污染物自然衰减的主要因素包括土壤 pH、氧化还原电位、竞争离子、土壤的生物环境和土壤本身物理化学性质等地球化学参数。例如，对于金属阳离子，高 pH 值有利于氧化物、氢氧化物和碳酸盐的吸附和沉淀；对于许多阴离子，如钼酸盐和亚硒酸盐，低 pH 有利于吸附和沉淀。同时，在修复过程中，可以从土壤颗粒表面-溶液、土壤-生物、土壤-植物、土壤-大气、土壤-水体等体系污染物的交换、转化及影响等方面对土壤环境的生物地球化学过程、质量演变和风险管理进行研究[220]。这种方法对土壤和地下水修复具有显著成本效益。地球化学自然降解方法具有绿色环保、不产生二次污染的优势，是一种较为经济和有效的方法，可实现土壤修复的成本效益最大化。我国自然衰减技术在污染场地实际修复中的实践应用还处于起步阶段，自然衰减技术完整的工程案例应用尚未得到验证发展。2014 年环境保护部发布的《污染场地修复技术目录（第一批）》中已经开始将自然衰减技术纳入地下水污染修复技术之内，但是却未明确关于自然衰减技术实施的具体流程规范。自然衰减的发生存在于每一个污染场地，而自然衰减的强度会随着场地特征、污染物的性质以及环境条件的不同存在显著差异。历史监测数据可以提供污染物自然衰减正在持续发生的证据，由此可以估计出各个污染物的衰减速率，然后运用已经研究出的衰减动力学方程，即可预测出污染物修复达到实际目标所需要的时间。在土壤和地下水污染修复中，自然衰减技术的成功应用取决于许多因素，土壤条件影响自然衰减过程的物理和化学方面，还包括污染物的保留、地下水流动状态和污染物的降解速率等。

5.1.1　有机污染物防控自然衰减修复技术

1. 有机污染物自然衰减修复机制

土壤和地下水有机物污染如石油产品、氯代有机物的生产、运输、储存等环节事故性排放导致的土壤和地下水系统受苯、甲苯、二甲苯、乙苯等苯系物（BTEX）和氯代烃等污染。在 BTEX 中，苯具有溶解度高、毒性大的特点，因此它在土壤和地下水系统中的自然衰减成为人们关注的焦点[221]。由于多数有机化合物与水之间的密度、极性差异，一旦侵入地下水系统后，难溶有机物则"漂浮"于水面上，受水面形状、含水介质的性质影响较大；而相对易溶污染物如苯则易随地下水向下游迁移，其间存在挥发、吸附作用。挥发：根据亨利法则常数，水溶性苯的挥发常数为 5.55×10^{-3} atm·m³/mol，是一种相对易于挥发的组分。然而若地下水水位较深，含水层的承压也起到了减弱其挥发的作用，苯随地下水迁移过程中通过挥发而消失的可能性不大。吸附：有机化合物被含水介质吸附的程度与通道介质的有机含量及其本身的分配常数 $\log K_{ow}$ 值有关。

刘翔等的研究证实油类污染物质通过充填状灰岩裂隙时，其主要的吸附作用发生在充填土中，灰岩砾石及其裂隙的吸附量与其相比是微不足道的。因此，吸附作用不可能是导致水源地苯消失的主导因素。苯的反硝化生物降解自然衰减作用：生物降解过程可以破坏污染物的分子结构，使污染物浓度降低，是将污染物从地下水中去除的主要机制，如苯的生物降解过程中，微生物推动电子从苯向电子受体转移，从而获得细胞生长所需要的能量。电子受体包括溶解氧、硝酸盐、铁(Ⅲ)、硫酸盐和二氧化碳等。研究表明，在好氧条件下苯能够迅速降解。但是在地下水系统中，氧易被消耗且不易补充，地下水污染区多处于微氧或厌氧状态，因此反硝化、铁还原和硫酸盐还原等过程，对于苯污染地下水系统的修复具有重要的意义。

与其他石油类化合物相比，苯是相对易溶于水的轻型芳香族化合物，容易进入地下水在各种水力条件下被传带；虽然它仅占有机污染物极少的一部分，但是这种致癌的灾害物质，对环境的影响很大，一旦进入含水层则对地下水环境造成污染（供水中苯的限量为 0.005 mg/L）。研究表明地下水中反硝化菌数量与苯浓度呈正相关，在苯浓度最高的地区，反硝化菌的数量最高；硝酸盐浓度和反硝化菌的数量呈负相关，亚硝酸盐浓度与反硝化菌的数量却呈正相关，硝酸盐浓度较低的地区，亚硝酸盐浓度却很高。已有研究表明，亚硝酸盐是苯反硝化降解过程的中间产物，出现上述现象的原因很可能是地下水苯生物降解过程中，硝酸盐不断转化成亚硝酸盐造成的[221]。

陈梦舫等[222]研究场地含水层氯代烃污染物自然衰减机制，认为在一定的氧化还原电位下，氯代烃在微生物的催化下会有次序地降解，其中以甲烷产生与硫酸根还原过程占优势，在二氧化碳和硫酸根消耗完毕后，将进一步进行铁还原、锰还原和去硝酸根的生物降解。何江涛等[223]在华北某城市浅层地下水有机污染的调查和研究中发现，该区四氯乙烯（PCE）的天然衰减速率常数和生物降解速率常数分别为 0.000925 d^{-1}、0.000537 d^{-1}，证实了该区浅层地下水中的 PCE 存在天然生物降解过程，但降解速率比较缓慢。该研究结果表明，可以采用受监控的自然修复技术控制该地区浅层地下水氯代烃污染。

2. 有机污染物与无机物耦合的自然衰减修复

地下水中常见污染物通常可划分为无机氮、有机物和重金属元素三大类，地下水无机氮污染范围通常较大而不适合实施工程，当前研究多处在自然衰减模拟阶段，但针对污染严重的点源可酌情利用微生物进行刺激修复。多数有机物本身可作为微生物的营养物质而被降解，最早利用微生物进行地下水污染物自然衰减的便是有机物，而当底物不足时，则需人工调节以促进有机物的快速降解。相对地下水 NO_2^-、NH_4^+ 污染，世界范围内地下水 NO_3^- 污染更为普遍，集约化农业种植、畜牧养殖、生产生活污水已成为地下水中 NO_3^- 的主要来源。分散的点状、面状污染来源往往导致地下水 NO_3^- 污染区域较大（如我国华北平原等），直接修复去除 NO_3^- 污染费用非常昂贵，且在大区域上修复不可行。自然衰减成为降低区域地下水 NO_3^- 浓度的主要方式。Wu 等[224]对渗透率不同的沉积物含水层中的 NO_3^- 自然衰减进行研究，为识别 NO_3^- 去除机制，分别对 nirS、nrf、dsr 和微生物菌群进行测定，结果表明无机化能型反硝化细菌更有利于在低渗透含水层中降解 NO_3^- [225]。

部分无机物、有机物本身即是微生物必需的营养物质，这为地下水有机污染的微生物修复提供可能。早在 20 世纪 50 年代，Zobell[226]发现微生物对环烃、苯系物、脂肪烃、芳香烃等有机物具有一定降解作用。此后，欧美国家开始利用多种手段监测微生物降解地下水中有机物。Anneser 等[227]研究显示，高度专一的降解菌不仅可自然降解地下水中的苯系物（BTEX），同时能调控低浓度有机污染晕的边界范围。从定性识别到定量评估，是地下水有机物污染自然衰减修复研究的重要历程。Choi 等[228]针对韩国某军械厂地下水 BTEX 和苯污染，利用电子受体贡献率判别出不同的微生物作用降解污染物贡献率，并实现定量计算 BTEX 和苯自然衰减速率及修复所需时间。而当微生物自然降解有机物所需时长不能达到修复要求时，便需要采取相应的修复措施刺激土著微生物。微生物降解污染物受限往往是底物不足导致，Lien 等[229]研究发现燃油泄漏位置的地下水中石油发生微生物自然衰减的同时，TCE 的生物修复作用也被强化，原因是石油可作为微生物主要底物增强其代谢能力，从而加速了 TCE 的脱氯作用。此外，随着国内外对地下水污染研究的关注，越来越多的学者致力于绿色生态的修复方法来去除微污染，而自然衰减修复成为首要考虑的环保方法。调查并提供与地球化学参数相关的微生物菌群组成和分布信息，这些信息有助于认识微生物对水污染自然衰减的过程和能力。

5.1.2　重金属污染物自然衰减修复技术

　　土壤本身具有一定的重金属承载能力，且土壤重金属污染的形成是一个缓变过程，只有当土壤中的重金属含量明显高于其自然背景值，并造成生态破坏和环境质量恶化时，才会造成土壤重金属污染。因此可以通过自然降解和衰减、提高土壤重金属的环境容量、阻断重金属输入土壤的途径等方法对重金属污染土壤进行修复。在土壤重金属污染超过其自净能力之前，可使进入土壤的污染物经过各种物理、化学或生物反应使其浓度降低或形态改变而毒性下降，从而修复轻度重金属污染的土壤。因此，需要对全国重金属污染土壤进行全面调查，查明这些土壤的污染等级，确认可以利用自然降解和衰减修复的土壤[230]。

　　地球化学自然衰减主要由自然发生的物理、化学和生物作用组成，包括稀释、扩散、挥发、吸附、生物稳定、生物降解以及放射性衰减等。这种方法对土壤和地下水 As 的修复具有显著成本效益。土壤中存在的 Fe、Al 和 Mn 的氢氧化物、黏土和硫化物矿物以及天然有机质通常可以固定重金属，比如 As，微生物活性可以催化 As 形态转化或介导氧化还原反应从而影响 As 的迁移，部分植物可将 As 从污染的土壤和地下水转移到它们的组织，这些过程都不同程度地使土壤和地下水中的 As 降解和衰减[231]。有学者在印度某废弃金矿区进行自然衰减修复监控，观测到重金属自然衰减率分别为：Pb（86.6%），Cr（56.6%），Ni（53.3%），Co（50%），Cu（50%），Zn（50%），Sr（46.6%）和 As（36.6%），并预测出污染羽中污染物的迁移[232,233]。针对地下水中重金属，其不可被微生物利用和自然衰减速率远小于迁移速率，单独的自然衰减修复往往效率还不高，利用微生物进行刺激修复成为降低水体重金属的研究重点[225]。土壤中的微生物可以通过改变重金属的化学形态而改变其迁移率、毒性和生物利用度。例如，抗汞细菌可以将甲基汞转化为 $Hg(II)$，其毒性比甲基汞低 100 倍[234]。利用自然降解和衰减修复重金属污染土壤须加强风险管控。例如，修复过程中进行原位监测，包括挖掘原位监测井、建立区域观测站，并同时对衰减能力和长期自然衰减监控效果进行评估。

5.1.3　污染物防控自然衰减评估方法

1. 质量通量法

修复有机物污染的土壤和地下水的监测自然衰减技术已得到广泛深入研究，质量通量法已成为评估土壤和地下水有机物污染场地自然衰减监测修复效能的重要手段[80]。质量通量是指单位时间内某种溶质通过某个垂直于水流方向断面的总质量。采用原位断面法估算质量通量，可表示为[235,236]：

$$F_i = C_i A_i V_i \tag{5-1}$$

式中，F_i 为断面 i 的质量通量[M/T]；C_i 为断面 i 处的污染物平均浓度[M/L³]；A_i 为断面 i 的有效污染面积[L²]；V_i 为断面 i 处污染物实际流速[L/T]，等于迁移距离除以污染物水力滞留时间 T，其中 $T = \mu_1' = \dfrac{\int_0^\infty tc(x,t)\mathrm{d}t}{\int_0^\infty c(x,t)\mathrm{d}t}$ [237]，$c(x,t)$ 为 t 时 x 处的监测浓度，t 为溶质浓度 c 对应的监测时间。

2. 自然衰减速率常数计算方法

自然衰减速率常数是衡量自然衰减快慢的重要参数，可以通过一级降解模型求得[236]，公式为：

$$F_2 = F_1 e^{(-KT_{1\sim2})} \tag{5-2}$$

因此，

$$K = -\ln\left(\frac{F_2}{F_1}\right)\frac{1}{T_{1\sim2}} \tag{5-3}$$

式中，K 为自然衰减一级速率常数[T⁻¹]；F_1，F_2 分别为断面 1 和断面 2 的质量通量；$T_{1\sim2}$ 为溶质在断面 1 与断面 2 之间的水力滞留时间[T]。

近十年来，我国逐步开展了与自然衰减有关的探索，主要集中在室内模拟实验和野外采样分析上，深入研究自然衰减的机理，估算自然衰减的速率，并以此来验证自然衰减的作用效果。例如宁卓等[238]针对石油污染场地，分析电子受体分布规律，估算了污染物的降解速率，以及迁移、转化和自然衰减的规律及机理。陈余道等[239]通过对乙醇汽油和传统汽油中苯系物的自然衰减监测发现，传统汽油自然衰减的速率较快，同时增加电子受体可加快生物降解，从而增加自然衰减速率。

3. 吸附和生物降解联合作用计算方法

自然衰减主要包括对流、弥散、稀释、吸附和生物降解作用等环节。实验中常采用溴离子作为一种非反应示踪剂，其不被吸附和生物降解，它的衰减反映了水力因素导致的衰减，因此又可以用来指示反应物的吸附和生物降解两个环节对自然衰减的联合贡献。方法是首先进行质量通量校准，剔除水力因素的影响。公式[237]为：

$$F_{2,\text{corr}} = F_2 \frac{\text{Br}_1}{\text{Br}_2} \tag{5-4}$$

式中，$F_{2,\text{corr}}$ 和 F_2 分别为断面2校准后和实测的反应物质量通量[M/T]；Br_1 和 Br_2 分别是断面1和断面2处实测的溴离子质量通量[M/T]。利用校准后的质量通量，根据公式（5-3），可得到一个衡量反应物吸附和生物降解联合作用的效率系数 K_{ab}：

$$K_{\text{ab}} = -\ln\left(\frac{F_{2,\text{corr}}}{F_1}\right)\frac{1}{T_{1\sim 2}} \tag{5-5}$$

利用断面间校准后和实测的质量通量之差的比率，可知吸附和生物降解造成的污染物质量损失率，用公式表示为：

$$\% = \left(F_1 - F_{2,\text{corr}}\right) / \left(F_1 - F_2\right) \times 100 \tag{5-6}$$

式中，F_1，F_2，$F_{2,\text{corr}}$ 的含义同上；%为断面间因吸附和生物降解作用造成的污染物质量损失率。

5.1.4 技术要点

自然衰减技术是土壤和地下水中有机污染物修复最经济有效的方法之一，但是应用自然衰减技术修复污染场地时需要查清场地的工程地质、水文地质条件以及污染特征等，同时还需监测污染物的移除或污染晕的稳定状态。值得注意的是污染物浓度的降低可能是由污染羽对流、弥散和稀释等作用引起，这种情况并不是真正意义上的污染物消除，而是污染物在空间上的转移。因此，利用地球化学自然降解规律进行土壤和地下水修复须加强原位监测，可通过施打原位监测井、建立区域观测站等方式进行监测。须通过对衰减能力的评估与长期自然衰减监控效果的评估，结合水文地质条件、水化学研究及运用地球化学证据、稳定同位素技术和微生物菌群研究分析污染物自然衰减过程中化学物质挥发、微生物吸附和降解等作用，研发低耗能、高效率的强化自然衰减技术[232,240]。

　　此外，由于自然衰减修复时间较长修复效率较低，在实际应用中，需要联合强化衰减修复技术和自然衰减技术。出于不同修复技术的目标不同，投资成本差异等特点综合考虑，与自然衰减修复技术联合运用的强化修复技术要根据污染场地特征、目标污染物属性、修复效果和经济效益等来选取。多种修复技术的联合使用，可在一定程度上克服单一修复技术的缺点，其中一种技术对另一种技术起到促进或辅助作用，以提高修复效率，降低修复成本。不同技术的联合使用，取长补短，优势互补。

5.2　场地风险防控地球化学转化强化修复技术

5.2.1　有机污染物防控地球化学转化强化修复技术

　　有机污染物自然衰减修复时间较长、效率较低，在实际应用中，为提高污染物修复效果，常采用强化衰减（enhanced attenuation，EA）修复技术。EA 是一种新型主动修复技术，向污染场地引入强化措施，增强系统自然衰减能力，达到修复目的。在现有原位修复技术中，应用最广泛的强化修复技术为曝气吹脱（air sparging，AS）、原位微生物强化的渗透性反应墙（microorganism augmented permeable reactive barrier，Bio-PRBs）和原位反应带（in situ reactive zones，IRZ）技术等[241]。三种原位强化修复技术的目标污染物主要为挥发性卤代有机物、挥发性非卤代有机物、半挥发性卤代有机物、半挥发性非卤代有机物、BTEX、多环芳烃、杀虫剂及金属、非金属等。

1. AS 修复技术

　　爆气吹脱又称气提。是从溶液中去除挥发性物质的技术。它采用亨利定律的原理，将溶液中含有的高浓度挥发性污染物转移到空气流中。常用于去除废水中的硫化氢、氰化氢、二氧化碳、二硫化碳等挥发性物质，还可用于含酚废水、含氰废水的回收利用处理以及废水高级处理中脱氨[242]。20 世纪 90 年代，兴起了地下水原位曝气技术，它是与土壤气相抽提相联合使用的一种技术，其目的主要是针对地下水中挥发有机污染物造成的污染。这项技术具有见效快，低成本及简单易操作的显著优势。其在欧美一些场地污染地下水修复项目中应用比例占到了 51%[243]。

1）AS 技术及原理

　　爆气吹脱法用于脱除水中溶解气体和某些挥发性物质。即将气体（载气）通入水中，使之相互充分接触，使水中溶解气体和挥发性物质穿过气液界面，向气相转移，从而达到脱除污染物的目的（图 5-1）。常用空气作载气，称为吹脱[242]。

AS 技术主要适用于挥发性卤代有机物、挥发性非卤代有机物、半挥发性非卤代有机物及 BTEX 等的去除。吹脱的理论依据是气液相平衡和传质速度理论。对于稀溶液，在一定温度，当气液之间达到相平衡时，溶质气体在气相中的分压与该气体在液相中的浓度成正比——亨利定律[244, 245]。

$$P = Ex$$

式中，P 为溶质气体在气相中的平衡分压，Pa；x 为溶质气体在液相中的平衡浓度，摩尔分率；E 为比例系数，称亨利系数，Pa。

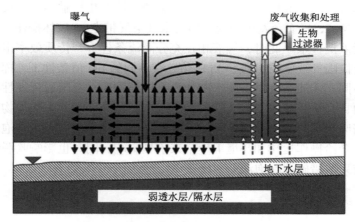

图 5-1　填埋场修复原位曝气概念图[242]

按照曝气设备的固定方式，可划分为固定式充氧设备和移动式充氧平台。移动式充氧平台通常利用驳船等进行改造而成，能够自由移动，主要用于突发环境污染问题应急治理。目前国内外河湖治理中人工增 O_2 方法主要采用固定式充氧设备，主要技术包括扬水曝气技术、鼓风曝气技术、机械曝气技术等[246]。曝气方式主要分为连续和脉冲曝气两种类型，连续曝气过程地下水中气流分布相对稳定，脉冲曝气方式包含相态重分配过程，这在一定程度上有利于污染物的去除[247]。

原位曝气技术原理是用气泵将空气注入受污染水体以下，将具有挥发性的有机污染物从地下水中挥发出来，并通过地面处理装置再进行有效去除的技术。原位曝气技术还为地下水中残留的非水相液体的去除创造了有利条件，有利于土著微生物在有充足氧气的环境下，促进污染物的降解[243]。

废水中常常含有大量有毒有害的溶解气体，如 CO_2、H_2S、HCN、CS_2 等，其中有的损害人体健康，有的腐蚀管道、设备，为了除去上述气体，常使用吹脱法。吹脱法的基本原理是：将空气通入废水中，改变有毒有害气体溶解于水中所建立的气液平衡关系，使这些易挥发物质由液相转为气相，然后予以收集或者扩散到大气中去。吹脱过程属于传质过程，其推动力为废水中挥发物质的浓度与大气中该物质的浓度差[248]。吹脱法既可以脱除原来就存在于水中的溶解气体，也可以脱除化学转化而形成的溶解气体。如废水中的硫化钠和氰化钠是固态盐在水中的溶解物，在酸性条件下，它们会转化为 H_2S 和 HCN，经过曝气吹脱，就可以将它们以气体形式脱除。这种吹脱曝气称为转化吹脱法[249]。

2）AS 技术影响因素

在吹脱过程中，影响吹脱的主要因素有以下几种[250]：①温度。在一定压力下，气体在废水中的溶解度随温度升高而降低，因此，升高温度对吹脱有利。②气液比。应选择合适的气液比。空气量过小，会使气液两相接触不好，反之空气量过大，不仅不经济，反而会发生液泛（即废水被空气带走），破坏操作。所以最好使气液比接近液泛极限。此时，气液相在充分滞流条件下，传质效率很高。工作设计常用液泛极限气液比的 80%。③pH 值。在不同的 pH 值条件下，挥发性物质存在的状态不同。④油类物质。废水中如含有油类物质，会阻碍挥发性物质向大气中扩散，而且会堵塞填料，影响吹脱，所以应在预处理中除去油类物质。⑤表面活性剂。当废水中含有表面活性物质时，在吹脱过程中会产生大量泡沫，当采用吹脱池时，会给操作运转和环境卫生带来不良影响，同时也影响吹脱效率。因此在吹脱前应采取措施消除泡沫。

3）AS 技术优缺点

该技术优点及存在问题。优点：这项技术具有设备仪器便于安装操作、见效快、成本低等优势。存在问题：此项技术具有针对性适用范围有限，适用于易挥发易生物降解有机污染的去除，同时对土体孔隙率比较大的场地比较适用[243]。污水处理选择曝气设备时，需要综合考虑曝气设备的各种因素。比如，实际应用中部分曝气设备 O_2 转移效率高，但是动力效率很低，经济因素和性能因素严重冲突，为了提高氧转移率，选择动力效率低的曝气设备难免会造成不必要的浪费。因此，需要科学、合理地认识选择曝气设备的各种因素，在多种因素冲突时，根据用户的实际需求综合考虑各种因素，找到缓和因素冲突最合适的平衡点，选择满足用户实际需求的曝气设备。一般来说，好氧稳定过程在减少垃圾填埋场排放方面具有重大潜力。此外，由于可能将善后护理措施期间的时间和支出减至最低，预计将节省费用[251]。

近年来，我国在污水处理中投入了大量的资金，同时引进了国外先进的曝气设备，导致曝气成本提高，维护和管理困难，也限制了国内企业的曝气设备在我国污水处理行业的发展。因此，应当重视国内企业对曝气设备技术的推进作用，促使其自主研发曝气设备，创新优化并投入应用，以促进我国工业的发展。只有提高我国曝气设备的使用率并提高其技术含量，才有望缓解我国水污染以及水资源短缺的现状，进一步改善我国的环境问题[251]。

2. 原位微生物强化的渗透反应墙修复技术

当前经济社会的迅猛发展导致我国地下水污染问题愈发严重。在全国范围内，地下水受污染的城市占比高达 97.0%，主要集中于京津冀、长三角及珠三角等经济发达地区[252,253]。《2020 年中国水资源公报》数据显示，2020 年全国地下水资源量 8553.5 亿 m³，在全国水资源总量中占比不到 1/4；《2020 年中国生态环境状况公报》指出，在自然资源部门布设的 10 171 个地下水水质监测点中，Ⅳ类及以下占比约 86.4%。加之地下水污染具有隐蔽性、长期性和难恢复性等特点，其污染与防治迫在眉睫[254,255]。微生物强化的渗透性反应墙技术被认为是最有潜力的地下水处理技术之一，具有效率高、成本低、安装简单、环境干扰小等优点，作用关键在于其反应介质的特性。从原位和异位修复技术的角度，第 3 章基于一些影响因素介绍了传统 PRB 的技术特点和发展；本节从地球化学转化强化修复的角度进一步介绍微生物强化的渗透性反应墙（Bio-PRB）技术。

1）微生物强化的渗透性反应墙修复技术及其原理

微生物强化的渗透性反应墙（Bio-PRB）技术是在地下安装一个填充有活性反应材料的被动反应区，当受污染地下水在自然水力梯度的作用下通过活性材料墙体时，溶解的有机物、重金属、核素等污染物与活性反应介质发生吸附、沉淀和降解等作用而被去除，从而达到场地环境修复的目的[256]。近年来 Bio-PRB 技术因其具有修复绿色、费用节省、长期运行、对低浓度污染可有效去除等优点受到重视[257]。

Bio-PRB 技术主要适用于土壤和地下水中金属、非金属、挥发性卤代有机物、BTEX、杀虫剂、除草剂及多环芳烃等的去除。在难以修复地下水污染的问题上，可采样双层 Bio-PRB 修复技术，克服修复工艺运行维护成本高的难题。针对地下水埋深较深的场地原位处理施工难度大、成本高，依据逐级强化的理念，可采用集物理化学及生物修复于一体的地下水污染多级强化修复技术，实现污染羽水力调控与物理吸附、化学降解、生物修复以及生态净化的有机统一。针对不同污染程度区域，可采用基于原位药剂注入的非连续 Bio-PRB 地下水污染修复技术，达到修复效果。通过非连续 Bio-PRB 技术，克服传统 Bio-PRB 在运行过程中性能损失以及流量和污染物浓度变化的问题，弥补了 Bio-PRB 不适用于污染地下水埋深较大的缺点[258]。

此外，Bio-PRB 有多种结构类型，可根据实际需要改变系统设计来实现修复目标，主要改变方式包括：①用于前处理及原位处理的井；②包含反应介质的嵌套井；③将反应介质加压喷射入含水沉积物中；④垂直水力压裂；⑤拦截沟；⑥通过注射试剂将含水层沉积物中的天然铁原位还原为零价铁[259]。根据填充介质性质的不同，Bio-PRB 的填充介质分为两部分。一是微生物反应区域，微生物反应区填充介质分为两类，一类是微生物激活型介质，有木屑、小麦秸秆、有机碳、商业堆肥和锯屑等，另一类是微生物负载型填充介质，有海泡石、云杉生物炭、活性炭、椰子壳、零价铁和黏土复合吸附剂等；二是非微生物反应部分，其中非生物反应介质包括沸石，铁的氢氧化物，铝硅三酸盐，黏土矿物，Fe(II)及双金属，MgO_2，CaO_2 含 NO_3^- 混凝土颗粒等[260]。

Bio-PRB 技术是适用于受污染地下水原位修复的可靠技术。其修复过程主要是污染物通过吸附被固定、氧化还原以及被微生物降解。其中微生物降解是污染物去除的关键，因此对特定污染物要使用合适的微生物种群。除此之外，还可以添加营养物质维持微生物的生长代谢和活性，从而提高修复效率，延长 Bio-PRB 的使用寿命[261]。

该技术优点及存在问题。优点：不需要提供污染水体处理的地面设施，也不需提供能量，同时在反应单元中填充的介质，不需要经常更换，可以有几年到几十年的处理潜力，也不需要后续的运行费用，具有时效长，运行和维护费用低等特点[262]。此技术受到了世界的广泛关注。存在问题：①墙体易发生生物堵塞，所以在选择介质材料及墙体设计时应避免发生；②地下水中污染物成分复杂，在反应介质材料的选择和设计上应选复合材料作为填充材料；③安放墙体介质材料时应避免产生二次污染[263]。

本项目团队开发了海藻酸钙（CA）包裹零价铁（ZVI@CA）和 CA 包裹生物炭（BC）固定化微生物（BC&Cell@CA）凝胶小球作为传统 Fe^0 渗透性反应屏障的替代品，用于处理 2,4,6-三氯酚（2,4,6-TCP）污染的地下水[264]。构建并测试了实验室和现场规模的生物炭-微生物强化渗透反应屏障（Bio-PRB）。如图 5-2 所示，结果显示与 ZVI@CA（$0.004\ h^{-1}$）体系相比，2,4,6-TCP 的反应速率（$0.011\ h^{-1}$）在化学-生物联合（ZVI@CA +BC&Cell@CA）的实验体系中提高了 175%。此外，化学-生物强化显著提高了 Bio-PRB 对 2,4,6-TCP 的阻滞作用。结果表明，在实验室一维 Bio-PRB 中，化学-生物强化显著降低了 2,4,6-TCP 在 ZVI@CA+BC&Cell@CA 介质中的弥散度 α（0.53 cm 降到 0.20 cm），增加了其分配系数 K_d（2.20 cm^3/mg 增加到 19.00 cm^3/mg）和反应速率 λ（2.40 d^{-1} 增加到 3.60 d^{-1}）和一级动力学吸附占比（30%增加到 80%）。此外，高通量测序结果表明功能微生物 *Desulfitobacterium* 在铁(III)氧化物转化过程中起着至关重要的作用。ZVI@CA 凝胶小球的加入提高了反应溶液中古菌的多样性和丰度。此外，设计了场地尺度的反应系统（垂向反应柱），对某农药厂址受氯代有机化合物和苯、甲苯、乙苯、二甲苯污染的地下水进行了修复。现场试验结果表明，去除率能达到 61%~100%，构建垂直反应柱或水平 Bio-PRB 对实际污染地下水进行高效修复是一种很有前景的技术[264]。

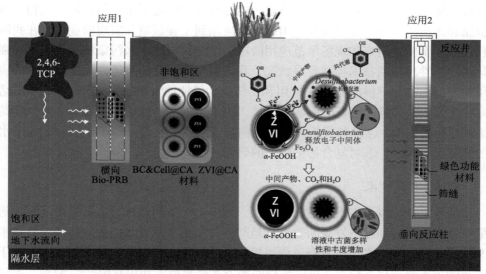

图 5-2 微生物强化型渗透反应墙（柱），绿色功能材料为海藻酸钙（CA）包裹零价铁（ZVI@CA）和 CA 包裹生物炭（BC）固定化微生物（BC&Cell@CA）凝胶小球[264]

2）微生物强化的渗透性反应墙影响因素

微生物强化的渗透性反应墙是渗透性反应墙（permeable reactive barrier, PRB）与强化生物修复方法的结合技术。其中，微生物通过对污染物的降解和代谢达到净化含水层的目的[265]。微生物强化的渗透性反应墙的修复原理和效果与所填充反应介质密切相关；其中，营养物质[266]、电子受体[267]以及环境等因素均会影响修复过程中外源微生物种群和功能多样性的变化，进而影响生物修复效果。

3）微生物强化的渗透性反应墙技术优缺点

该技术优点及存在问题。优点：原位修复不需要提供污染水体处理的地面设施，也不需额外提供能量，同时在反应单元中填充的介质不需要经常更换，可以有几年到几十年的处理潜力，也不需要后续的运行费用，具有时效长，运行和维护费用低等特点[262]。此技术受到了世界的广泛关注。同时也存在以下问题：①墙体易发生生物堵塞，所以在选择介质材料及墙体设计时应避免发生；②地下水中污染物成分复杂，在反应介质材料的选择和设计上应选复合材料作为填充材料；③安放墙体介质材料时应避免产生二次污染；④介质容量有限，不能无限制地对污染物进行去除，对于高浓度的污染物，需要考虑污染物的去除能量和容量，有时会缩短墙体的使用寿命[263]。

地下水污染已成为我国严峻的环境问题，治理污染地下水工作迫在眉睫。微生物强化的渗透性反应墙技术是污染地下水修复的新兴技术，具有治理效果好、造价低廉、对生态环境影响小等特点，能够有效去除地下水中的有机氯化物、重金属和无机离子等。该技术在美国已广泛应用到工程领域并实现商业化，在我国目前处于实验室研究和现场示范应用阶段。结合我国地下水污染情况及微生物强化的渗透性反应墙技术当前发展状况，我国微生物强化的渗透性反应墙技术的应用与发展面临如下挑战[268]：①应用和安装受到场地的限制；②易出现反应介质堵塞、失效以及渗透率降低等问题；③诸多因素（如水力停留时间等）会对处理结果产生较大影响；④墙体开挖深度受当前技术限制（大多<10.0 m），深层地下水的修复仍有难度；⑤对复合污染场地的研究较少。

3. IRZ 修复技术

随着工业化以及城市化进程的加快，地下水污染问题日益突出，由地下水污染所造成的环境和经济发展问题也日趋严重[269]。由于地下水所处的特殊地质与水文地质条件，地下水污染具有过程缓慢、不易发现和难以治理的特点；而相对于成熟的污水处理技术而言，可供选择的地下水修复技术却很有限[270]。目前，超过90%的 IRZ 现场实际应用是在美国开展的，欧洲（捷克、德国、意大利、比利时和斯洛伐克等）占到了 9%，仅有 1%的项目是在亚洲实施的[271]。近年来，我国对IRZ 修复技术的研发和工程应用越来越重视。目前，该技术从实验室研发走向修复地下水污染的商业化应用中，并取得了良好的修复成果。

1）IRZ 技术及其原理

原位反应带技术（IRZ）通过注入井将化学试剂、微生物试剂注入到地下水环境中，在地下水中创建一个或者多个原位反应带，在反应带中，地下水中的污染物一种方式是被拦截并且被永久固定在反应带中，另外一种方式是地下水中的污染物质与注入的化学试剂发生化学反应，或者在注入的微生物试剂的生物作用下，最终降解成为无害的产物（图 5-3）。IRZ 技术主要适用于挥发性卤代有机物、半挥发性卤代有机物、BTEX 多环芳烃等的去除。该技术是美国 Suthersan 教授等在 2002 年基于可渗透反应屏障（PRB）的理论提出来的一种新兴原位地下水污染修复技术，主要是利用注入井将反应试剂或者微生物注入到地下环境中，通过反应试剂与污染物的作用创建一个地下的反应带，对迁移过程中的污染物起到阻截、固定或者降解的作用。IRZ 技术不需要挖掘土体来填充反应材料，对周围环境破坏程度较小，且修复范围不受污染物深度限制，因而越来越受到人们的关注[272]。

IRZ 是近年来兴起的一种新型原位修复技术。在污染烟云中，通过向地下注入化学反应物或微生物来拦截、固定或彻底降解目标污染物，可能会产生一个或多个 IRZ。因此，根据污染物的特性选择合适的反应物是该技术成功的关键[275]。原位反应带是位于含水层内的渗透性区域，当受污染的地下水流经该区域时，它与污染物发生反应。这种处理技术可以应用于漏斗和闸门系统，在此系统中，羽流被泥浆槽壁、隔膜壁等强迫聚焦并通过添加了吸附颗粒的可渗透浇口。漏斗和闸门系统的目的是清理原位污染的含水层。例如，在生物可降解有机分子污染或在零价铁还原过程中，就地修复是有效的。就重金属而言，反应墙（例如带有 FAZ 的土工织物）浓缩了污染物，必须将土工织物清除以进行进一步处理[276]。

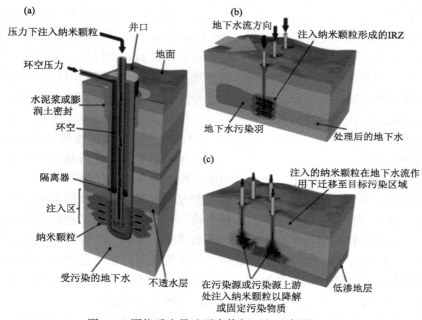

图 5-3　原位反应带地下水修复工程示意图[273,274]
（a）纳米颗粒注入井示意图；（b）污染羽的原位治理示意图；（c）污染源的原位治理示意图

2）IRZ 影响因素

IRZ 修复技术包含 3 个阶段：①采用适当的注入方式将纳米颗粒的稳定悬浮液输送至目标污染区域；②进入到受污染含水层中的纳米颗粒附着于土壤颗粒上或与重质非水相液体污染物作用；③纳米颗粒将有机物或者重金属等目标污染物降解，从而生成低毒或迁移性弱的组分[277]。该技术的修复效果取决于纳米颗粒与含水层中污染物质之间的接触能力，而纳米颗粒在地下多孔介质中的稳定性和迁移性是 IRZ 修复技术发挥作用的关键。在实施 IRZ 修复技术时，必须考虑到纳米颗粒的反应活性、生物毒性以及注入方式等综合因素的影响[273]。

3）IRZ 技术优缺点

IRZ 是一种新兴的地下水原位修复技术，具有工程造价低、施工简单、环境扰动小、修复效果好等优势；然而在修复工程中存在的问题主要体现在：①纳米颗粒在含水介质中的迁移性较差，含水层中的分布情况不易考察；②纳米颗粒表面钝化而诱发介质反应活性下降；③纳米颗粒的潜在生物环境效应尚不明确[273]。

4. 生物强化修复技术

植物修复是利用绿色植物来转移、容纳或转化污染物使其对环境无害。植物修复的对象是重金属、有机物或放射性元素污染的土壤及水体[278]。植物修复是一种很有潜力、正在发展的清除环境污染的绿色技术[279]。然而，这种基于植物的技术通常由于危害植物的毒性和有限的生物可利用性而导致修复效率较低。因此，提高植物修复效率成为目前国内外的研究热点。其中，研究利用具有特殊生物学功能的微生物来协同植物提高修复效率成为目前最为活跃的领域之一[280]。

植物修复是指通过植物的吸收、挥发、根滤、降解、稳定等作用，可以净化土壤或水体中的污染物，达到净化环境的目的。生物强化植物修复通过内生菌、添加各种生长因子、基因修饰或通过插入益生菌、噬菌体进行基因转移选择微生物群落来操纵植物微生物组，从而增强植物根际微生物的作用[281]。

土壤中许多中性疏水化学物质的植物修复主要发生在根际细菌中，而不是植物本身。微生物在根区找到了合适的栖息地，并且得到了植物释放的溶解氧、渗出物和次生代谢物的帮助[282,283]。渗出液可作为苯、甲苯、乙苯、二甲苯（BTEX）、多环芳烃（PAHs）和石油烃中长链烷烃等芳烃共代谢的辅助底物[284]。在某些情况下，渗出物对代谢降解剂有抑制作用，因为它们代表一种易于生物利用和可降解的碳源，在目标化合物的降解中引起双氧或分解代谢抑制[285]。

生物强化植物修复技术近些年来逐渐受到研究者的重视，成为植物修复技术应用的未来发展趋势，在过去的时间里，研究者们的努力使我们更好地了解了许多不同的微生物是如何与植物相互作用，并且其协同植物能够提高修复效果在实验室条件下早已得到证实。对于有机污染物来说，生物强化植物修复技术已经在实际大田条件下取得良好效果，也就是说已经不存在技术上的困难；对于重金属污染来说，微生物的作用不在降解而在于提高重金属的植物可利用性以及帮助植物解毒重金属，而这种作用的发挥在实际条件下却难以控制，因此未来还应更多地致力于为该技术的实际应用解决各种问题[280]。

1）植物强化修复

植物修复是指利用植物对有机或无机污染物的吸收、蓄积、固定、分解等机能，修复污染环境介质（土壤、底泥、水质、大气等）的技术总称。植物修复技术用于修复污染土壤时，一般是通过种植优选的植物及其根际微生物直接或间接吸收、挥发、分离、降解、固定土壤中的污染物，吸附了污染物的植物体最终进行生物质利用和焚烧，使土壤生态系统的功能得到恢复或改善（图 5-4）[286]。

　　植物修复技术以植物忍耐和超量富集某种或某些化学元素的理论为基础，利用绿色植物转移、容纳或转化污染物使其对环境无害[287]。植物修复技术包括利用植物超积累或具有积累性功能的植物吸取修复，利用植物根系控制污染扩散和恢复生态功能的植物稳定修复，利用植物代谢功能的植物降解修复，利用植物转化功能的植物挥发修复，利用植物根系吸附的植物过滤修复等技术[219]。

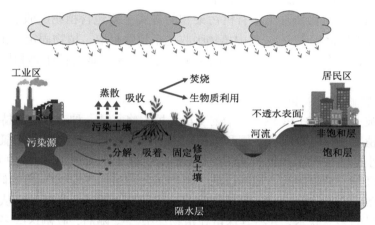

图 5-4　植物修复土壤主要方式和生物质处置路径[286]

　　植物修复技术通过植物将污染物吸收至根、枝干或叶中，或将有害的化学物质转变为无害的化学物质，或将污染物通过蒸发作用释放到空气中，或通过根际圈的微生物将污染物降解为无害的物质等机理去除杀虫剂、炸药和油类等有机污染物，植物修复的范围为其根系所达到之处。植物修复常被用来减缓污染地下水的流动，植物通过根系像泵一样将地下水抽过来，形成水力控制，能够减缓污染地下水向干净区域移动。植物修复技术适用于低浓度污染的修复，高浓度污染可能会限制植物生长和导致修复时间过长。植物修复技术利用植物自然生长过程，比其他方法所需的设备、劳动力和能源少，而且植物修复能够控制水土流失，减少噪声和改善周边空气质量，使得场地更具吸引力[288]。

　　在植物修复中需注意的是在植物-土壤这一复杂系统中实现污染物的去除，需要综合考虑污染物本身生物有效性、植物特性以及修复体系设计等诸多因素。在明确这些因素对植物修复效果影响的基础上，通过合理调控植物修复过程，实现环境、社会和经济效益的最大化[289]。

　　植物修复整体过程可分为三个阶段：转运、转化和/或结合以及螯合。第一阶段，转运和植物外降解。污染物以与化学势梯度相反的方向，通过主动运输，即转运，进入植物组织。该运输方式是利用土壤水分和蒸腾流到达植物的地上组织。

植物外降解指植物分泌的有机酸有助于通过在土壤基质中竞争结合位点来活化高度疏水的污染物；同时，植物分泌物为根际细菌提供富碳源，进一步解毒保留在土壤中的污染物质[290]。第二阶段，内部转化和结合。植物内部降解的最初代谢步骤为转化，包括氧化、还原、甲基化、脱卤、羟基化和光解等过程。结合是修复过程的主要步骤，它也可作为防止外源性物质引起的高氧化应激的保护系统[290]。第三阶段，螯合。植物组织内至少存在三种最终的螯合形式：储存在细胞液泡中、储存在质外体中或与细胞壁共价结合[290]。

　　具体而言，植物修复土壤有机污染物的方式主要包含植物吸收、植物降解、根际过滤和根际降解[291,292]，其中植物吸收包括植物提取、植物固定、植物挥发。而有机化合物应在植物修复阶段矿化为无毒物质，甚至成为微生物和植物专门摄取的营养形式[293]。

A. 植物修复土壤 PCBs 污染

　　针对被多氯联苯（PCBs）污染的土壤，植物修复是一种有效、可持续和环保的方法。植物不仅可以吸收土壤和沉积物中的多氯联苯，还可以将多氯联苯代谢成毒性较小的物质[294]。根据所使用的植物种类，可能涉及 PCBs 的多种去除过程，例如根际降解、植物吸收、根际过滤、植物转化和植物挥发[295]。植物修复 PCBs 主要有三条重要的途径。首先是植物吸收，即种植合适的植物品种，从土壤中吸收相当数量的多氯联苯，并将其保留在植物芽中[296]。随后，收割这些多氯联苯含量高的植物，并使用焚烧等适当技术进行处理。其次为根际过滤，土壤 PCBs 首先逐步被沉淀、富集并浓缩到根系土壤区域，随后在植物根系与土壤微生物的联合作用下完成对 PCBs 的根际降解（图 5-5）[292]。第三为根际降解，污染物通过根系被吸收到植物体内，然后通过植物组织内部的根系分泌物进行酶降解（植物降解）以及促进根际微生物对 PCBs 的降解[294]。

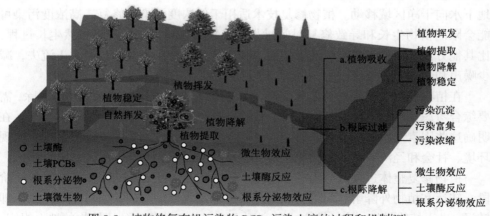

图 5-5　植物修复有机污染物 PCBs 污染土壤的过程和机制[292]

B. 植物修复土壤 PAHs 污染

针对受多环芳烃（PAHs）污染的土壤，植物修复机制包括植根际降解和植物稳定，其中根际降解被认为是通过植物修复从土壤中去除 PAHs 的最重要机制[297,298]。植物稳定涉及通过根系吸附和积累或固定到根部区域等机制将污染物固定在土壤中，防止 PAHs 通过不同方式迁移[299]。根际降解涉及通过靠近根系的土壤部分（即根际）中植物和微生物的作用，将分子转化为结构更简单的产物。PAHs 通过后续步骤降解。例如芘，开始时，该环分解为主要代谢物为 4-二羟基菲，随后转化为萘酚和 1,2-二羟基萘，并通过水杨酸和邻苯二甲酸途径进一步降解[300]。

C. 植物修复 PPCPs 污染

针对药品及个人护理品（PPCPs）污染的土壤，植物修复机制有多种，包括植物吸收、植物提取、植物积累、植物稳定、植物降解和植物挥发。以抗生素为例，根系表面细胞壁是污染物进入植物体的第一道屏障，细胞壁中的果胶质成分如多聚糖醛酸和纤维素分子中的羧基、醛基等都为污染物提供了大量的交换位点[301]。植物在修复抗生素污染时，溶液中抗生素污染物首先通过范德瓦耳斯力、色散力、诱导力和氢键等分子间作用力吸附在植物根系表面[302]，或者抗生素由于其分子功能基团如羧基、羰基、氨基、羟基等与植物根系发生化学反应形成络合物或螯合物而被吸持在植物根部[301]。植物根系吸附的抗生素一部分在根系分泌物、酶以及根际微生物等各方面因素作用下降解为毒性较小甚至无害的小分子物质；另一部分在植物蒸腾拉力的带动下由根系向植物体内转移，最终在植物细胞酶或酶辅助因子的作用下被降解或者破坏[303]。

2）微生物强化修复

微生物强化修复技术是利用高效降解微生物将污染物降解为水和二氧化碳或转化为无害物质的工程技术。微生物强化技术基于微生物在自然界中的巨大容量，利用环境中的土著微生物或人为投加的外源微生物的生长及其代谢活动，在适宜条件下将有毒有机污染物活性降低或降解成无毒物质[287]。微生物对土壤中的有毒污染物的降解主要包括氧化反应、还原反应、水解反应和聚合反应等[219]。

微生物强化修复的要素包括微生物的种类、电子受体、营养物质和环境因素等，其中用于修复的微生物一般分为土著微生物、外来微生物和基因工程菌。微生物技术常用来处理包括油类、石油产品、溶剂和杀虫剂等污染物。土壤和地下水的微生物强化修复技术采用自然过程进行场地修复，所需设备、劳动力和能源较少，具有操作简单、环境扰动小、二次污染小、成本低和处理效果好等优点，而且实施后现场的降解生物群活性通常可保持几年以上，使微生物修复具有持续效果[288]。

A. 微生物修复石油污染土壤

微生物在石油污染土壤的修复中的应用较为广泛，据调查，有 100 多个属、200 多种微生物能降解石油污染，主要分为两大类：一类为节核细菌属（*Arthrobacter* sp.）、假单孢菌属（*Pseudomouas* sp.）、产碱杆菌属（*Alcaligeues* sp.）及无色杆菌属（*Achromobacter* sp.）等细菌；另一类为青霉属（*Peuicillium* sp.）、木霉属（*Richoderma* sp.）及曲霉属（*Aspergillus* sp.）等真菌。其中，细菌降解石油污染物主要在修复的前期阶段，而修复的后期阶段则主要依靠真菌去除难降解的石油烃[304]。在微生物修复石油污染土壤的过程中，土壤环境条件（温度、pH、盐度、通气量、氮磷营养物质等）是影响修复效果的重要因素。pH 通过改变微生物的代谢酶活性和细胞膜通透性对石油降解速率产生影响，石油降解菌在酸性环境中几乎不能生长，在中性或弱碱性条件下活性较高，对石油类物质具有较好的降解效果；温度较低，油污黏度增大，有毒的短链烷烃挥发速度减慢，对微生物的毒性增加，导致石油降解速率降低，石油降解微生物的最适温度为 30~40℃；土壤溶液中盐浓度会影响细胞膜上 Na^+、K^+ 泵，可维持细胞膜电位、调节细胞体积和驱动细胞中糖与氨基酸的运输，影响细胞生长，一般为低盐浓度有利于微生物生长，反之高盐浓度表现出抑制作用；氧气作为电子受体是石油烃类物质降解的必要条件，土壤表面的油膜会降低土壤中氧气传递速率，从而限制石油降解；石油烃进入土壤会显著增加碳含量，此时，氮磷等缺乏成为影响微生物活性，限制石油降解的关键因素，因此补充适宜、适量营养物质可有效提高石油污染物的生物降解效率[305]。

B. 微生物修复 PAHs 污染土壤

针对 PAHs 污染的土壤，微生物降解 PAHs 的第一步是利用双加氧酶将氧原子结合到多环芳烃苯环的两个碳原子上，形成顺式二氢二醇；然后再经过脱氢酶的芳构化，以形成二羟基化的中间产物；而二羟基化中间产物随后进行开环，形成三羧酸循环的中间产物。此外，通过添加菇渣、木屑、畜禽粪便等，一方面可以提供木霉、白腐真菌等能有效降解 PAHs 的微生物，另一方面还能有效增加土壤中微生物可利用的营养物质，促进微生物的生长。当微生物暴露在高浓度的 PAHs 污染物中，有时可能会导致基因变异，使得微生物对 PAHs 的去除率提高[304]。

C. 微生物修复 PCBs 污染土壤

微生物降解 PCBs 是微生物利用自身代谢能力，将较大的化合物分解为较小的分子并为微生物的生长发育提供能量。低氯化 PCB 同系物（五氯以下）一般很容易降解，而高氯化的 PCBs 在降解前必须通过厌氧脱氯转化为低氯化同系物。微生物修复土壤中 PCBs 的途径可归纳为：好氧氧化修复、厌氧还原脱氯修复、兼性厌氧耦合修复。好氧氧化修复是指微生物在有氧条件下，由降解菌对低氯化

PCBs 进行酶促反应，降解的产物主要为氯苯甲酯和氯化脂肪族化合物[306]。厌氧脱氯修复是指在厌氧条件下，厌氧脱氯菌将高氯化 PCBs 转化为低氯化 PCBs 并减弱其毒性的过程[307]。厌氧菌利用 PCBs 作为电子受体，以 H_2 或小分子有机化合物作为电子供体，促使 PCBs 发生电子传递进行还原脱氯。好氧氧化与厌氧脱氯耦合修复是以兼性厌氧细菌为联合体，分别在好氧和厌氧条件下降解 PCBs。在兼性菌作用下，高氯化 PCBs 还原为低氯化 PCBs 同系物，并生成生物表面活性剂，进一步促进低氯化 PCBs 矿化水解生成 CO_2 和无机氯化物[308]。

此外，与传统的外源施加单一降解菌株相比，利用微生物菌群修复有机污染土壤具有无可比拟的优势，主要为：①微生物菌群具有更强的环境适应能力，提高降解菌株的存活率；②微生物菌群内的联合代谢能够实现有机污染物的完全矿化，有效解决由于有机污染物的降解途径复杂导致单一降解菌株难以独立矿化的问题；③微生物菌群对有机污染物的降解具有显著的增强效应，可以显著提高降解效率并增加降解功能，并为多种污染物的同时降解提供了可能[309]。菌株之间的协同代谢（cooperative metabolism）及互养（cross-feeding）关系是菌群高效降解有机污染物的重要方式。有机污染物的微生物降解途径复杂，大多需要通过降解菌株间的协同代谢实现完全降解[310]。在菌群中，这种降解菌株之间的协同代谢往往形成更复杂的互养关系。此外，降解菌株和无降解功能的辅助菌株之间的互养关系也可以显著提高降解效率。菌株之间形成这种复杂的互养关系对于强化污染物降解具有重要作用：①实现有机污染物的矿化；②提供营养物质，促进降解菌株生长；③有效减少有机污染物或中间代谢产物对降解菌株的毒害；④有效减少中间代谢产物的积累对降解活性的反馈抑制；⑤抵抗环境胁迫，提高菌群耐受性；⑥驱逐与降解不相关菌株[309]。

3）动物强化修复

动物强化修复技术是指土壤动物群通过直接地吸收、转化和分解或间接地改善土壤理化性质，提高土壤肥力，促进植物和微生物的生长等作用而修复土壤污染的过程。土壤动物是土壤生态系统中的主要生物类群之一，占据着不同的生态位，对土壤生态系统的形成和稳定起着重要的作用。这些动物主要由土壤原生动物和土壤后生动物群落组成。一般平均每克土中含有原生动物的数量可达 1 万~4 万以上；而土壤后生动物群落主要有线虫、千足虫、蜈蚣、轮虫、蚯蚓、白蚁、老鼠等[311]。蚯蚓可以通过多种途径实现对重金属、有机物污染土壤以及盐碱土壤的修复作用（图 5-6），如通过自身的生命活动（掘穴、搅动、取食、消化和分泌等）直接促进团聚体形成、污染物降解、降低污染物毒性、促进土壤盐分循环，通过调控微生物的活性和功能并驱动土壤微生物传播，间接修复退化土壤。

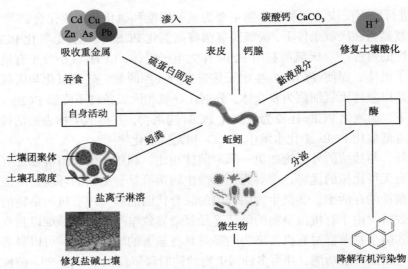

图 5-6　蚯蚓对重金属、有机物污染土壤以及盐碱土壤的修复过程和机制[312]

　　土壤动物特别是无脊椎动物对动植物残体粉碎和分解作用，促进了物质的淋溶、下渗，还增加了土壤中细菌和真菌活动的接触面积，加速了养分的流动[313]。土壤动物通过直接采食细菌或真菌或者通过有机物质的粉碎、微生物繁殖体的传播和有效营养物质的改变等间接方式来影响微生物群落的生物量和活动。由于微生物特别是细菌的活动性差，因而只能靠水流及其他运动而移动。蚯蚓等无脊椎动物通过产生蚓粪使微生物和底物充分混合，蚯蚓分泌的黏液和对土壤的松动作用，改善了微生物生存的物理化学环境，大大增加了微生物的活性及其对有机物的降解速度。

　　线虫和蚯蚓是非常重要的两种土壤动物，前者数量巨大，繁殖快，世代短；而后者被称为"土壤生态系统工程师"，可改良土壤、提高肥力、促进农业增产，在维持土壤生态系统功能中起着不可替代的作用。有机污染物是许多土壤动物的食物。土壤动物有许多腐生动物，它们专门以有机物为食，处理有机污染物能力也是相当惊人的。在人工控制条件下，土壤动物的处理能力和效率更加强大。中国农业大学开发出了大型的蚯蚓生物反应器，日处理有机废弃物 6 吨[314]。大量研究表明，蚯蚓能够修复 PAHs（苯并芘、萘、菲、蒽、荧蒽等）、PCBs（Aroclor 1242、2,2,5-三氯联苯、PCBs 91 等）、农药（DDTs、五氯酚、阿特拉津等）等多种有机污染物污染的土壤，具有广阔的应用前景[315]。蚓触圈是有机污染物降解的热点区域，是指由于蚯蚓活动而受到影响的土壤，包括穴壁土、肠道内容物和蚓粪。蚯蚓通常与土壤微生物发挥协同作用，促进土壤有机污染物的降解。土壤微生物群落长期处于含有有机污染物的环境下，会诱导特定基因表达，产生分解有机污染物的特定酶类，催化高分子有机污染物质裂解，并在空气中进一步被降解转化为 CO_2 和水[316]。

线虫是土壤中数量最多、种类最丰富的多细胞动物，也是土壤动物的主要功能类群之一。作为土壤中最丰富的后生动物线虫在各种生境中均有分布，数量可达 $7.6×10^5$~$2.9×10^5$ m^{-2}，在土壤生态功能中也能够发挥重要作用[317]。线虫也能够增强土壤微生物对有机污染物的去除作用。

5.2.2 重金属防控地球化学转化强化修复技术

随着我国场地土壤重金属污染的加剧，传统的物理、化学和生物监测自然衰减修复技术已不能满足高污染场地土壤修复要求，亟待寻找经济、高效、稳定且无二次污染的修复技术。地球化学工程技术即遵循这一修复理念。地球化学工程技术修复土壤重金属污染主要包括 3 种方式：一是降低土壤中重金属总的含量，包括重金属单质、各种重金属化合物和重金属盐等；二是降低土壤重金属的生物有效性和生物可利用性，阻断其进入生物链；三是降低土壤中重金属的活动性和迁移性[232]。有的技术对降低重金属总量效果显著，有的则对降低重金属生物有效性效果显著，还有的则是显著阻断重金属的迁移。本章就强化地球化学工程技术在场地土壤修复中的应用进行介绍，包括地球化学材料固定与钝化、地球化学工程阻隔、地球化学转化以及吸收与浓集、生物强化修复等 4 类技术[232]。讨论了应用地球化学工程技术进行场地土壤修复的优势和注意事项，展望地球化学工程技术修复场地土壤的应用前景和发展趋势，提出注重多种修复技术的联合使用。

1. 地球化学材料固定和钝化

地球化学材料是指自然界中天然存在的或略加改性得到的一类矿物材料。在土壤修复中添加地球化学材料，可以调整土壤地球化学属性，调节土壤 pH，吸附、固定土壤中游离的重金属。常用的固定材料包括硅酸盐、磷酸盐、碳酸盐、黏土矿物和工业残渣等[318]。Qin 等[319]使用海泡石和生物炭原位固定化修复华南酸性红壤镉（Cd）和莠去津复合污染。结果显示，海泡石对 Cd 的固定比生物炭效果更佳。海泡石和生物炭在 Cd 和莠去津污染的土壤中联合施用优于单独施用海泡石或生物炭。石灰石和海泡石可以降低土壤中 Pb 和 Cd 可交换态含量；Pb、Cd 污染土壤中施用凹凸棒土、海泡石等地球化学材料进行修复，发现施用 6 个月可降低土壤中可迁移态 Pb 达 50%~60%。磷酸盐岩尾矿材料和重磷酸钙固定土壤中重金属，显著减少了污染土壤中 Pb 和 Cu 的淋溶。李雪婷等[320]研究发现有机膨润土、Mn-硅藻土和酸改性海泡石对 Pb 均有良好的修复效果，可使 Pb 稳定态增加 92.85%、75.62%、71.02%，提升了 Pb 的稳定性；有机膨润土和酸改性海泡石使弱酸提取态 Cu 降低了 39.05% 和 10.35%，Mn-硅藻土和酸改性海泡石则对含 Cr 底泥具有一定修复作用，使其不稳定态降低了 22.25%和 35.71%，二者的生物有效性均得到控制。Li 等[321]利用将污染土壤制备陶粒的固定稳定化方法来解决重金属污染问题。将两种典型土（即受污染的黏土和砂土）以黏土/砂土的最佳混合比0.6∶0.4 和烧结温度为 1200℃煅烧制备陶粒。高温煅烧促进了重金属（Pb, As, Cu和 Cd）与铝硅酸盐之间的反应和重金属的价态转化使重金属形成热力学稳定的矿物（$PbAl_2Si_2O_8$ 和 $CdAl_2Si_2O_8$），封装在固体基体中，并转化为低迁移率的价态，在陶粒中得到了很好的固定，研究表明，pH 和温度等浸出条件对陶粒中重金属的固定化影响较小。综上所述，污染土壤固定稳定化制备的陶粒具有环保性，作为建筑材料也具有良好的工程应用潜力。

近年来，应用环境友好型纳米材料修复重金属污染土壤成为国内外关注的热点[322]。由于纳米材料具有极大的比表面积、超强的反应活性和优良的催化性能，使其能够弥补传统地球化学材料的部分缺陷，高效固定和去除重金属。Vasarevičius等[323]研究表明商用纳米零价铁（nZVI）对于降低土壤中的重金属（Cd，Cu，Ni和 Pb）含量具有显著的效果。使用 5%、10%、15%、30%的 nZVI 悬浮液分别处理 4 种重金属混合土壤时，重金属 Cd 的固定化效率分别为 68%、85%、94%、98%；Cu 固定化效率分别为 85%、87%、89%、92%；Ni 固定化效率分别为 94.8%、95.7%、98.1%、99.3%；Pb 的固定化效率分别为 96.3%、97.0%、97.2%、97.9%。nZVI 的应用显著减少了所有重金属的淋溶，可以成功地用于土壤中的重金属固定。地球化学材料不仅可以吸附固定重金属，有些材料还可增加土壤肥力。土壤施加地球化学材料可有效固定重金属，降低重金属离子的活动性和迁移性，这些地球化学材料料可以是天然的，也可以是利用地球化学原理制造的材料，如纤维素、生物质炭、赤泥等，另一方面，需要注意的是，对天然地球化学材料进行改性或改良，须保证不掺入其他污染元素或物质。

2. 地球化学工程阻隔

地球化学工程阻隔是指应用地球化学技术阻隔污染，改善土壤环境质量，主要包括建立地球化学障和地球化学工程屏障等。设置地球化学工程屏障不仅可从物理上阻断重金属迁移，还可通过屏障内吸附作用和离子交换反应固定重金属。地球化学工程阻隔墙在污染场地的示意图如图 5-7 所示。典型的地球化学工程隔离墙可分为：膨润土系隔离墙、水泥系隔离墙、钢板桩、土工膜复合式和人工冻土[324-326]。

结合不同场地有机物污染特征，通过添加外源吸附材料和膨润土修饰来提高膨润土系化学工程阻隔墙的性能。其中粉煤灰、活性炭和轮胎等高碳材料是几种常用的加强有机溶质吸附的添加物，多数有机物可表现出与材料含碳量正相关的非线性吸附，在低浓度下可被高效吸附[328]。

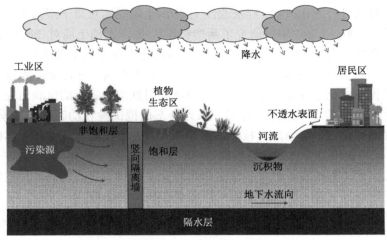

图 5-7 污染场地地球化学工程阻隔墙[327]

水泥系化学阻隔墙通常通过将水泥、膨润土和混凝土等材料以浆液形式注入不同地层，形成阻截帷幕，降低被灌物渗透性并提高强度[329]。根据泥浆喷灌的方式，灌浆墙分为压力灌浆、振动梁灌浆和喷射灌浆等。我国多采用水泥系灌浆帷幕作为工业污染场地的垂直阻隔屏障，并通过边界开挖-灌浆进行围封。传统灌浆墙的主体水泥基材料易受重金属影响，抑制其水化程度及密闭性，降低防渗性；又因材料强度高，二次开发难度大，研究者们大量开展改性研究。通过对灌浆材料的改性，维持墙体强度并降低其渗透性，易于场地再利用，兼具施工就地取材、工程造价低的市场竞争力[330]。

钢板桩系阻隔墙是将钢板、预制混凝土、铝板或木材等垂直打入地基形成工程屏障，不同的板间相连形成连续阻隔屏障，其类型包括热钢板桩和冷钢板桩，热钢板桩的锁扣密封性好，冷钢板桩多用于河流修复与稳定化项目[331]。钢板桩的支护结构连续紧密咬合，有较强的阻断重金属污染扩散和抵抗化学侵蚀能力，常见断面形式有 H 型、Z 型和 U 型[332]。随着密封材料以及封口技术的迅速发展，氯乙烯板桩隔离污染物，板桩锁扣使用水膨性止水条加强防渗，利用板桩墙控制重金属迁移被认为是保护土壤最经济灵活的方式。

土工膜复合式阻隔墙是土工膜作为主体材料，结合灌浆密封材料，形成阻滞污染物运移与控制气体迁移的立体式柔性阻隔墙体，用来阻隔重金属水平迁移。墙体利用不同方法将 HDPE 膜插入相对不透水层，膜段间采用锁扣插接形成连续结构面，土工膜膜片间的连接与安装是其技术关键[333]。近年来，锁扣的连接密封技术得到一定提升，其密封材料的化学相容性是未来研究热点。

设置地球化学工程屏障不仅可从物理上阻断重金属迁移，还可通过屏障内吸附作用和离子交换反应固定重金属。龚锐等[334]以土-膨润土为阻隔材料，使用硅灰及水泥对其进行固化改性，硅灰改性土-膨润土阻隔墙对离子型稀土矿氨氮污染阻控的效果较好。Liao 等[335]研究了新型粉煤灰-膨润土挡土墙对 Pb(Ⅱ)的吸附和迁移。试验结果表明，粉煤灰-膨润土混合物的使用寿命优于其他膨润土混合物，包括粉土、黄土-粉土和高岭土。连会青和武强[336]根据地球化学屏障原理，进行了人工工程地球化学屏障应用于广东大亚湾放射性废物处置的试验研究，针对当地"酸性-氧化"的水土条件进行了一系列静态模拟试验和动态淋滤柱模拟试验，发现工程地球化学屏障对阻滞核素迁移非常有效，不仅能显著改善土体的地球化学条件，而且能降低土体的渗透性能，验证了人工工程地球化学屏障是一项经济、简便、实用的工程技术。此外，诸多以地球化学材料为核心层的工程阻隔措施广泛应用于废矿场、废土场和矿山复垦区等重金属污染场地。

3. 地球化学转化以及吸收与浓集

重金属的地球化学转化与吸收是表生演化地质作用的一部分，并服从地质作用规律和生物地球化学规律。通过地球化学转化作用可以将土壤中砷转化为臭葱石，使之失去活性和生物有效性。羧甲基纤维素（CMC）被广泛用作表面改性材料，以防止纳米零价铁（nZVI）颗粒聚集并促进它们在土壤中的迁移[337]。聚合物分子具有成本效益，对环境无毒，可生物降解，可作为屏障，通过静电排斥防止颗粒聚集，提高纳米颗粒的流动性和扩散性，用于铬污染土壤的原位修复。CMC和腐殖酸提供的官能团位点显著增强 nZVI 的稳定性，进一步增强了修复性能。

硫在铁和砷的生物地球化学循环中发挥着重要作用，王晶等[338]采用室内模拟实验研究硫参与下细菌 D2201 对液相和载砷针铁矿中 Fe(Ⅲ)和 As(Ⅴ)的还原作用，结果表明硫显著促进了细菌对针铁矿的还原溶解并加速砷的释放。土壤地球化学性质对铜纳米粒子迁移转化也有着很大影响。在富含有机质的土壤及黏土和沙质土壤中，转化为铜离子和吸附复合物的速率最高[339]。Dong 等[340]使用单一的异化铁还原剂-金属还原菌 Z6，研究在环境条件下其介导次生矿物形成的主要驱动因素。共测试了 pH 值（6.5~8.5）、温度（22~50℃）、盐度（2%~20% NaCl）、阴离子（磷酸盐和硫酸盐）、电子穿梭（蒽醌-2,6-二磺酸盐）和铁（Ⅲ）氧化物矿物学（铁水铁、鳞片黑铁矿、针铁矿、赤铁矿和磁铁矿）等 17 种不同的地球化学条件。结果显示，铁的还原速率和还原效果差异显著，而矿化途径的不同可能是由 Fe(Ⅱ)在剩余 Fe(Ⅲ)矿物上不同程度的吸附所导致的。

有研究证明，铁（氢）氧化物是高砷含水层系统中主要的砷载体。铁（氢）氧化物的还原溶解，As(Ⅴ)还原为移动性更强的 As(Ⅲ)可能是控制地下水中砷富集的重要过程。As/Fe 比为 0.001~0.005 的溶解实验表明，吸附的 As(Ⅴ)不会立即从两线水铁矿和针铁矿中显著释放，而是直到约 50%的铁（氢）氧化物被还原，表面积变小而无法保留吸附砷时，As(Ⅴ)才被释放。而当 70%的铁氧化物被还原时，水铁矿吸附的所有 As(V)将都被释放出来[341]。

地下水环境复杂的地球化学条件为微生物提供了多样的栖息环境，进而演化出了复杂的微生物功能群。研究地下水中的微生物功能群及其相互影响，能够更清楚地了解氧化还原条件变化过程中微生物群落的演替，为理清地下水微生物与地球化学的协同关系提供依据。由于地下水流速缓慢，微生物长期累积并作用于碳、氮、铁、硫等元素的循环和迁移转化，从而改变了地下水的化学组分以及氧化还原电位（Eh）。从地下水补给区到排泄区，随着 Eh 的逐渐降低，地下水系统呈现了不同的生态位以及微生物功能群分区[342]。这些微生物功能群在不同的 Eh 条件下分别进行有机物分解、硝酸盐还原、铁还原、硫酸盐还原和产甲烷等过程。Qiao 等[343]的研究表明地下水中有机物的微生物降解可促进铁的氢氧化物还原溶解，进而促进固相中砷的释放，而微生物介导的产甲烷过程也可能与砷的迁移转化密切相关。

目前，许多自然环境，如土壤、地表（地下）水等，由于人类在很多生产活动的过程里，存在不合理的污染排放，受到严重的有机污染。而不同形态的三价铁离子在各类受污染的环境中都能找到，比如土壤中可能含有各种铁矿，自然水体和污泥中也会含有一定量的三价铁离子。近几年，铁离子的生物转化多在降解有机污染物质、环境治理、生物修复等不同领域有着巨大的应用前景，例如铁还原菌在污染治理中就发挥着重要作用。微生物对铁离子的氧化还原也能更加广泛地运用于地球化学循环中的其他地方[344]。

4. 生物强化修复技术

1）植物强化修复

植物强化修复重金属污染场地是以吸收、积累、降解为基础的重金属土壤和地下水修复技术。超富集植物的发现和研究为植物强化修复技术的应用和推广提供了保证。利用一些对重金属富集能量较高的植物，通过吸收和转移过程，将重金属富集在可收割的部位；或者利用植物的一些生理活动来促进重金属转变为可挥发的状态；或者利用植物的根系过滤、固定和钝化使土壤中重金属吸附于土壤表面，从而降低重金属在土壤中的活性，减轻重金属污染。植物修复的主要类型有植物提取、根际过滤、植物降解、植物挥发、植物授粉、植物固定和植物刺激[345]。植物修复技术因其绿色、经济、易推广等特点已经成为土壤重金属污染修复的研究热点之一，但是重金属的生物有效性和修复植物本身生长速率以及生物量成为挑战其发展的关键因素。

重金属进入土壤后通过吸附、溶解、沉淀、凝聚、络合等各种反应形成不同的赋存形态并表现出不同的环境效应和生物毒性。根据植物对不同形态重金属吸收难易程度将土壤中重金属分为可交换态（被吸附态）、碳酸盐结合态、铁锰氧化物结合态、有机物结合态和残渣态，根系分泌物可能通过影响根际土壤 pH 值、土壤中重金属的赋存形态、溶解性等方式调控植物对重金属的吸收。这些作用方式又可能受到重金属的种类、理化性质、赋存形态、根系分泌物的种类等因素的影响（图 5-8）[346]。

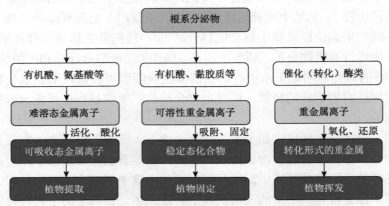

图 5-8　根系分泌物对土壤重金属环境行为的影响[346]

富集 Hg 的植物有苎麻（*Boehmeria nivea*）、加拿大杨（*Populus X canadensis Moench*）。苎麻（*Boehmeria nivea*）茎叶中 Hg 的质量分数为 1~1.3 mg/kg，对实验水稻田中 Hg 的年净化率达到 41%；加拿大杨（*Populus X canadensis Moench*）每株体内最大汞吸收积累量约为 7 mg，但是其生长受到 Hg 的严重抑制，生物生长量下降 79% 以上[347]。草坪草因具有良好的 Pb 耐受性和富集能力而备受关注。黑麦草（*Lolium perenne*）生物量大、再生能力强、易于种植，对铅有一定的耐性，是一种铅富集植物，适用于铅质量分数低于 1000 mg/kg 的污染土壤[348]。狗牙根（*Cynodon dactylon*）的生物量随着 Pb 质量分数的增加而减少，但是在 Pb 质量分数为 2000 mg/kg 时，其地上部富集质量分数显著增加，总富集量也增加，因此当土壤铅污染浓度较高时，狗牙根（*Cynodon dactylon*）更具有应用前景[349]。目前关于 Cr 富集植物的研究较少，国外仅发现铬线蓬（*Sutera fodina Wild*）和尼科菊（*Dicoma nicolifera Wild*）两种铬超富集植物，富集量可以达到 1500 mg/kg 和 2400 mg/kg[350]。As 超富集植物包括蜈蚣草（*Pteris vittata*）、大叶井口边草（*Pteris cretical*）和粉叶蕨（*Pityrogrmamma calomelanos*）等 11 种凤尾蕨属植物和 1 种裸子蕨科粉叶蕨属植物。其中蜈蚣草（*Pteris vittata*）是国内发现的首个 As 超富集植物，在正常土壤中（As 质量分数为 9 mg/kg）其地上部含 As 质量分数为 699 mg/kg，富集系数为 80，在施 As 处理的土壤中（As 质量分数为 400 mg/kg）其地上部含 As 质量分数高达 4384 mg/kg，并且蜈蚣草对 As 的耐性和富集能力极强，生长速度快、生物量大，因此对植物修复 As 污染土壤有重要意义[351]。

间套作植物修复技术无疑是一个极具发展前景的方向，相比其他修复技术，更加绿色环保并且符合我国农业大国的国情，体现了社会生态综合效益的原则。利用不同的作物进行间套作，既能强化修复效果，也能达到在修复的同时不间断农业生产的目的。间套种两种植物之间根际分泌物互相影响如图 5-9 所示，它们改变着植物对土壤重金属的吸收。其中主要有两种影响可能：首先，间套作相互改变植物根际分泌物的种类以及数量浓度，有研究表明利用玉米和马唐进行间种，植物分泌的有机酸高于植物单种，从而增加了对重金属 Cd 的吸收；其次，在间套作的植物生长过程中，各种植物的根际分泌物在土壤中相互扩散，并且相互作用。以上两种机制同时作用，影响着土壤中重金属的生物有效性[22]。

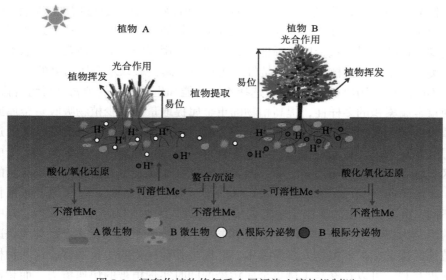

图 5-9　间套作植物修复重金属污染土壤的机制[22]

采用青葙修复 Cd 污染的土壤；青葙植物提取吸收对土壤中 Cd 的降低起关键作用，且施加柠檬酸可进一步提升其对表层土壤 Cd 的去除性能[352]。种植柳树萃取土壤中重金属，柳树对土壤中的重金属具有较强的忍耐性，在土壤中重金属 Cd、Zn 含量分别为 52.4 mg/kg、14 500 mg/kg 的金属矿区，柳树仍然能正常生长发育；柳树对土壤中 Cd、Cu、Zn 等重金属元素具有显著的富集能力，即柳树每年从土壤中吸收的 Cd 达到 236 g/hm²。正是柳树所具有的种类多、生长快、易于繁殖、分布广泛、耐盐碱、抗旱、抗寒、耐涝、根系发达、与人类食物链不连接等优点，使得柳树成为适宜进行重金属污染土壤修复的木本（非食源性）植物，可通过超短轮伐期栽培和周期性收获地上柳树纸条逐步较低土壤中重金属含量，达到修复和净化土壤的目的[42]。

目前，被频繁应用于重金属污染修复的植物主要分为重金属耐性植物、超富集植物、护理植物、先锋植物、豆科植物。超富集植物是对重金属具有超高耐受性和吸收能力的植物，在重金属污染土壤的修复中应用尤为广泛；护理植物能促进其他植物的生长发育，因此护理植物主要通过促进植物获得较好的生理状态或较多的生物量来抵抗重金属胁迫；先锋植物是一类生长速度快、生物量大、适应性强的植物，在重金属污染的土壤中，先锋植物可以改善邻近植物幼苗的生长状况和存活率，常被应用于矿区土壤的修复；豆科植物在重金属污染土壤的修复中不仅可以为其他植物提供生长所需的氮源，还可以提高其他植物对重金属的吸收[353]。

根据植物提取和植物稳定的原则，可以利用以上植物互作进行重金属污染土壤的修复。植物互作是利用植物的功能互补和性状互补，通过增加植物生物量、改良土壤养分及理化性质、提高植物根际微生物的群落丰度来发挥促进作用，从而达到促进植物提取重金属或降低重金属生物利用度的目的，通常会选取不同的植物类型或组合增强植物重金属抗性或进行重金属提取以重金属污染的修复[353]。基于不同的修复场地和修复目标，选择不同功能和生理特性的植物进行组合修复，实现重金属累积的多样性，提高植物的重金属提取量，减少植物吸收重金属或提高植物的重金属抗性，以此去除土壤重金属或增强植物对重金属的耐性从而达到理想的修复效果。目前利用植物互作进行重金属污染修复的土壤类型主要集中于矿区土壤和农田重金属污染土壤，两者的区别在于实现重金属污染土壤修复的同时，矿区倾向于实现植被重建，农田倾向于获取安全的粮食。基于以上预期目标的不同，重金属污染的矿区土壤常利用先锋植物-其他植物组合进行修复，其中典型的组合为先锋植物-护理植物。先锋植物生长速度快且生物量大，是荒地快速建立植被的优选；护理植物大多为灌木，能促进其他植物的生长发育，这两种植物的互惠互利，可以在修复土壤重金属污染的同时实现植被的快速覆盖。而超富集植物-农作物和豆科植物-其他植物的组合常被应用于重金属污染的农田土壤修复。超富集植物吸收累积大量重金属，减少了农作物对重金属的吸收，通过超富集植物-农作物互作，可以污染农田土壤中生产出符合粮食安全标准的产品。在Cd污染的土壤中，通过与超富集植物龙葵及少花龙葵的共作，茄子中Cd含量在共作后显著降低，且生长量也得到了提高[354]。而豆科植物则可以通过促进其他植物对重金属的吸收，从而实现修复重金属污染农田的目标。大豆-孔雀草互作有利于Pb污染土壤中大豆的存活和谷物品质的改善，并且互作提高了孔雀草中Pb的积累[355]。

此外，目前还应用基因工程技术以强化植物修复重金属污染。基因工程技术将金属硫蛋白（MTs）、植物螯合肽（PCs）、金属螯合剂和重金属转运蛋白基因等转入超积累植物，能有效增加植物对金属的提取，从而提高植物修复的效率。利用基因工程技术提高植物修复能力主要体现在以下几方面：一是通过增大修复植物的生物量来促进吸收重金属，利用基因工程将野生超积累植物的重金属富集基因转到现有的具有高生物量的植物或作物中，获得具有更快繁殖速度和更大生物量的植物；二是通过降低土壤中重金属对植物的毒性，以进行植物修复，一些重金属离子能够在植物体内通过形态转化降低其本身的毒性；三是将细菌等吸附重金属或耐重金属的基因转导到修复植物中，从而提高植物对重金属的抗性和耐性，达到增强修复的效果；四是通过酶的表达来提高修复植物的耐性和抗性[356]。

2）微生物强化修复

生物修复技术同样是一种十分有效的修复技术，在地下水重金属修复中非常有效，该技术是通过特定功能微生物群的应用，来发挥微生物代谢活动对重金属的作用。这些微生物群可以是野生的，也可以是人工培养的，微生物代谢作用下，地下水中重金属元素的迁移能力将大大降低，甚至在一些时候可以有效改变其原有形态，该技术在很多地下水重金属修复中取得了良好的应用效果。同样地，重金属在土壤中的迁移转化很大程度上依赖于微生物的相互作用，微生物既能够通过生物积累、生物吸附、生物矿化等作用进行重金属固定，也能够通过氧化、酸解及复合作用影响重金属离子的溶解性[357]。一方面，真菌和细菌等微生物具有细胞壁，其上拥有较多带负电荷的基团，可以吸附游离的带正电的重金属离子。另一方面，重金属离子也能够在微生物体内进行积累。如拟无枝酸菌属的 *Amycolatopsis tucumanensis* 能够积累 Cu 高达 25 mg/g，其中 60%的 Cu 存在于细胞内部[358]。此外，微生物也可以通过影响土壤的物理化学性质而间接影响重金属离子的迁移性。嗜碱性细菌如梭状芽孢菌属 *Clostridium*、假单胞菌属 *Pseudomonas* 和链霉菌属 *Streptomyces* 等与土壤的氨化作用息息相关，能够提高土壤 pH，降低重金属离子的溶解性，从而降低其生态毒性[359]。工业污染场地中，地下水重金属治理中可使用的微生物类型非常多，如硫酸盐还原菌、碳酸盐矿化菌、脱氮硫杆菌、产碱菌属、异化铁还原菌、芽孢杆菌属、棒杆菌属等，在实际应用过程中都非常有效。但是，在利用微生物群进行重金属地下水的修复过程中，想要有效发挥原位生物修复技术的优势，必须采用有效的方式，为微生物创造相对良好的生长环境，比如，可以通过在地下水中注射糖浆、醋酸盐等方式，来增强场地内微生物活性[360]。采用硫酸盐还原菌修复铬污染的土壤；采取添加优化微生物、调控添加营养物质等方法可显著促进土壤铬的还原转化衰减[361]。赵越等[362]从贵州某矿区重金属污染土壤中筛选碳酸盐矿化菌，其可通过吸附并诱导沉淀，引发矿化作用去除 Cd^{2+}，最高矿化浓集率可达 45.14%，且矿化效果稳定。Wu 等[363]进行了脱氮硫杆菌（*Thiobacilus denitrificans*）对 Sr 矿化的修复研究，发现脱氮硫杆菌对

Sr^{2+}的去除率达到 82%。通过这种生物地球化学作用的模拟，可以将分散的土壤重金属重新聚集、浓集，形成小规模、高度富集的"人工矿床"，甚至可以通过采矿方式提取、回收重金属[364]。生贺等[365]研究在细砂中加入乳化植物油促进土著微生物异化铁还原作用，Fe^{3+}还原成 Fe^{2+}同时耦合去除 Cr^{6+}，反应 14 天后 Cr^{6+}被完全去除，反应 28 天后总 Cr 被完全去除，最终土壤中生成的 Cr^{3+}以 Fe-Cr 无定形态沉淀存在。

此外，微生物还能够强化植物修复重金属污染土壤，其形式分为两种，一是微生物利用自身的新陈代谢产物活化重金属，增加植物对有效重金属的吸收量，从而降低土壤中重金属的含量；二是利用微生物增强植物对重金属的耐受性，并且促进植物获得充分的营养物质，增大植物的生物量，从而促进植物对有效态重金属的富集[366]。根据微生物类型，将微生物强化植物修复分为三类：

（1）细菌强化植物修复。植物根际微生物以细菌为主，依据对植物的作用划分为有益菌、有害菌和中性菌。在植物根际土壤中生活的一类能够直接或间接促进植物生长的有益菌称作植物生长促进菌（plant growth promoting bacteria，PGPB）。PGPB 能够产生植物生长激素，促进植物吸收营养元素，提高植物对病虫害的抵抗能力，降低植物在环境胁迫下乙烯的积累，从而提高植物的生物量，并有利于修复。此外，PGPB 能够通过分泌有机酸、生物表面活性剂、铁载体以及甲基化、氧化还原等过程改变重金属在土壤中的存在状态和迁移性，从而实现修复重金属污染土壤的目标。

（2）菌根真菌强化植物修复。菌根是土壤中高等植物根系和真菌菌丝形成的一种互惠共生体，其分泌物能够调节菌根根际环境影响重金属的生物有效性。同时菌根分泌的黏液，可以加速养分元素循环，促进植物吸收土壤中养分和矿物质元素，增强植物抗逆性，从而增大根系和地上部分生物量。丛枝菌根真菌是应用最为广泛的一类菌根真菌，能够与 90%的高等植物共生，促进植物吸收土壤中的营养元素及水分，降低植物吸收重金属的量，增强植物对重金属的耐受性。一方面，丛枝菌根真菌能够有效吸附土壤中的游离态重金属，并通过体内细胞壁中的几丁质以及纤维素等把重金属固定在真菌内，同时能够分泌出磷酸根离子与土壤中的重金属发生反应，使其固定在土壤中；另一方面，重金属污染土壤往往偏酸性，丛枝菌根真菌能有效提高土壤 pH 值，使重金属有效性降低，同时丛枝菌根真菌与植物形成的共生体能够促进植物在不利土壤环境中吸收水分、养分及微量元素[367]。此外，丛枝菌根真菌与植物形成菌根共生体后可促进植物分泌过氧化物酶（POD）、多酚氧化酶（PPD）、丙苯胺酸解氨酶（PAL）等，增强植物抗氧化性，减少植物在重金属胁迫下的细胞氧化，同时分泌脯氨酸（Pro）、超氧化物歧化酶（SOD）、过氧化氢酶（CAT）和抗坏血酸过氧化物酶（APX）等，促进植物清除体内自由基，保持植物体内蛋白质活性[368]。

（3）基因工程菌强化植物修复。在该技术中，将编码生物降解的酶、生物和非生物胁迫抗性相关、离子稳态相关、离子螯合蛋白和转运蛋白、离子吸收调控蛋白等的一个或者多个基因导入细菌，产生工程菌，使工程菌与植物建立共生关系，从而增强植物修复效率[357]。

3）动物强化修复

动物强化修复是指利用土壤中的某些低等动物（如蚯蚓、鼠类等）能吸收重金属的特性，在一定程度上降低污染土壤中重金属的含量，达到修复污染土壤的目的[369]。土壤动物特别是无脊椎动物对动植物残体粉碎和分解作用，促进了物质的淋溶、下渗，还增加了土壤中细菌和真菌活动的接触面积，加速了养分的流动[313]。土壤动物通过直接采食细菌或真菌或通过有机物质的粉碎、微生物繁殖体的传播和有效营养物质的改变等间接方式来影响微生物群落的生物量和活动。蚯蚓等无脊椎动物通过产生蚓粪使微生物和底物充分混合，蚯蚓分泌的黏液和对土壤的松动作用，改善微生物生存的物理化学环境，大大增加微生物的活性及其对污染物的降解速度。线虫和蚯蚓是非常重要的两种土壤动物，前者数量巨大，繁殖快，世代短；而后者被称为"土壤生态系统工程师"，可改良土壤、提高肥力、促进农业增产，在维持土壤生态系统功能中起着不可替代的作用。

在土壤中接种蚯蚓可以提高植物的生物量，并且蚯蚓活动和肠道消化能改善土壤理化性质，提高重金属的生物有效性[370]。蚯蚓主要通过酶类作用、自身活动以及蚯蚓粪修复重金属污染的土壤。一方面，当蚯蚓处于重金属环境中时，应激酶活性上升，继而通过将重金属固定在消化道的泡囊中进行分隔和固定，同时通过重金属与体内蛋白质结合，使重金属毒性下降，以达到富集重金属的效果；另一方面，蚯蚓可以通过自身活动提高重金属的生物有效性，使其更易被植物吸收，进而增强植物富集重金属的能力；并且蚯蚓活动的同时会分泌大量黏液，能够提升微生物的活性并促进其生长繁殖，同时降低土壤重金属的污染程度[371]。目前，认为蚯蚓能够提高重金属生物有效性的原因有 3 个：①蚯蚓能够影响土壤微生物的数量、种类和活性，而微生物又能够影响重金属的种类和有效性；②蚯蚓通过改变土壤 pH 影响重金属形态；③蚯蚓对土壤有机质的分解和形态也会产生影响[356]。此外，蚯蚓粪也是良好的重金属修复剂，具有优异的排水性、通气性和高持水性，可增加土壤孔隙度和团聚体数量，而且拥有较大的比表面积，对重金属有较强的吸附能力，为众多有益微生物创造了良好的生存环境[371]。研究发现，蚯蚓对 Cd 的富集度很高，生物蓄积因子为 6.9~7.3[372]。在蚯蚓的肠道过程中，重金属与碳酸盐之间可能存在时间依赖性的络合作用[373]。蚯蚓对重金属的具体富集方式与重金属本身性质有关，其中可溶性金属元素的主要吸收途径是表皮渗入，不溶性金属元素的主要吸收途径是取食和肠道消化。Becquer 等[374]研究表明，蚯蚓富集 Zn 和 Pb 的最重要途径是取食摄入与土壤结合的金属物质，然后进行细胞同化；而摄入 Cd 的主要方式是通过皮肤渗入。蚯蚓细胞固定重金属离子的过程与蚯蚓体内的金属硫蛋白有关。该蛋白具有维持生物体内金属含量动态平衡和重金属解毒的双重作用；还具有与重金属离子结合和被重金属离子诱导的能力。

土壤动物不仅直接富集重金属，还和微生物以及植物协同富集重金属，改变重金属的形态，使重金属钝化而失去毒性。特别是蚯蚓等动物的活动促进了微生物的转移，使得微生物在土壤修复的作用更加明显；同时土壤动物把土壤有机物分解转化为有机酸等，使重金属钝化而失去毒性。此外，小型节肢动物也广泛分布于土壤环境中，在重金属污染土壤的超积累植物修复中，小型节肢动物具有促进超积累植物生长、强化植物对重金属的富集能力、提升吸收修复效率的潜力。李柱等的研究发现，添加白符跳虫、捕食螨等小型节肢动物能显著促进伴矿景天对污染土壤中 Cd 的去除，增幅为 27.9%~663.3%[375]。

5.2.3　技术要点

AS、Bio-PRB 和 IRZ 针对不同修复目标，其修复效果都比较好，在修复时间方面，AS 技术和 Bio-PRB 技术所需时间较短，IRZ 技术治理时间相对较长，但都短于 MNA 技术。在工程投资方面，AS 技术与 Bio-PRB 技术相当，成本都高于 IRZ 技术。在安全性方面，两种技术在设计合理的条件下都相对较安全，不会对周围环境造成威胁。国外在应用强化衰减修复技术治理地下环境污染时，出于对不同修复技术修复目标不同、治理时间长短、投资成本大小等方面的考虑，强化衰减修复技术与 MNA 的联合使用是当前污染场地修复的主要趋势。沿地下水流向在上游运用 MNA 进行初级修复，以减少修复成本，在下游通过强化衰减技术提高污染物的修复效果。

第6章 我国场地土壤和地下水健康风险防控技术应用实例

6.1 典型场地强化多相抽提与净化异位修复技术示范

6.1.1 修复背景

某场地位于江苏盐城该处场地历史作为某化工厂工业用地使用，占地面积约为 38 000 m²，经过前期调查评估工作，确认场地内局部土壤和地下水污染超过可接受风险水平。场地内检出污染物包括氯代烃、多环芳烃等多种具有致癌性和毒性的污染物，最高超标倍数达 33 860 倍，最大污染深度 5 m，地下水待修复方量约 5 000 m³。根据前期场地勘察结果，埋深 6.0 m 以浅主要由填土（杂填土、素填土）、粉质黏土和粉土夹粉质黏土组成，呈水平成层分布。考虑到场地土壤大部分为渗透性较差的黏土，自然状态下汇水较慢，常规地下水抽出处理工艺效率低，因而采用了真空增强的多相抽提技术进行地下水修复。

6.1.2 技术修复性能及示范效果

该项目在 41 天的时间内完成了 5 000 m³ 污染地下水修复，工程完成后经第三方单位评估，污染地下水修复范围内及上下游地下水样品中目标污染物均未检出，抽出处理后地下水样品中关注污染物检出浓度也达到了修复目标，地下水验收一次性通过。项目具有修复周期短、修复效果显著、工程成本低等优势，为解决我国高风险有机污染地下水修复提供了可复制、可推广的修复工程样板。

6.1.3 技术要点

1. 多相抽提井群设置

基于中试结果，确定单井影响半径为 4 m，抽提井间距 5 m，排间距 4 m，共布设 470 口抽提井。抽提井材质为 PVC，外管直径 50 mm，井深 5 m，其中筛管位于地下 1 m 至地下 4.5 m 的位置，底部 0.5 m 为沉淀段；如图 6-1 所示，抽提管

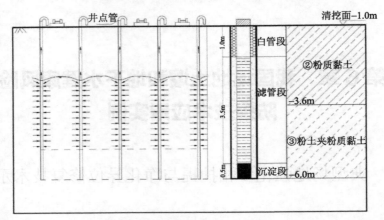

图 6-1　多相抽提井结构示意图

通过管路连接至抽提总管，并与后续分离处理设备联通。

2. 多相抽提净化系统

工程采用成套集成 MPE 系统。抽提出来的混合物首先进入旋风气液分离器中，液体从旋风分离器放泄口泵入沉淀罐进行初沉以去除泥沙后，污染地下水进入地面水处理设备进行修复，抽提气体经引风机和收集管路排入废气处理设备，如图 6-2 和图 6-3 所示。

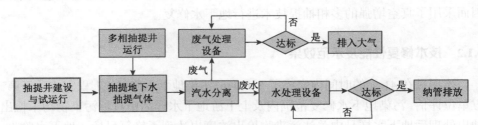

图 6-2　多相抽提施工工艺流程图

图 6-3　多相抽提系统实物图

3. 多相抽提系统运行控制

抽提系统运行时，真空泵产生的负压通过抽提总管传导至抽提井中，抽提井周边地下流体和挥发性气体被抽提出来。通过控制抽提速率，保持抽提井中地下流体和土壤气体以气水混合物的形式被持续稳定抽提出来。多相抽提系统以分区抽提的方式进行，一套多相抽提设备内置的 7.5 kW 真空泵可带动 20~25 口抽提井，完成降水和抽气后转移至下一抽提区。抽提时抽提泵处真空度不小于 60 kPa，单井液体抽提速率不小于 0.001 m³/min，单井气体抽提速率小于 0.5 m³/min。

6.2　典型场地氧化/还原修复技术示范

6.2.1　异位氧化修复技术示范

1. 异位氧化修复技术示范修复背景

场地历史作为宅基地和工业用地使用，拟规划为住宅，属于第一类用地。本场地目标污染物为多环芳烃（苯并[a]蒽、苯并[b]荧蒽、苯并[a]芘、茚并[1,2,3-cd]芘、二苯并[a,h]蒽）。修复深度 0.5~2.0 m，要求修复土方总量约 3 466.1 m³。

2. 异位氧化修复技术性能及示范效果

工程采用原场异位化学氧化工艺开展修复施工，开挖的污染土方分类转运至异位修复区，采用 ALLU 设备进行筛分、破碎、搅拌等预处理后，添加修复药剂，搅拌均匀后分区堆置养护，养护期满后进行验收，验收检测合格后回填至基坑；如图 6-4 所示，现场修复后经验收，所有污染土壤样品检测目标污染物浓度 100%均达到修复目标要求。

图 6-4　ALLU 筛分和氧化药剂现场添加和搅拌现场

3. 异位氧化修复技术要点

1）预处理控制进料含水量

由于污染土壤含水量影响后续施工工效，为此针对土体含水率，及时进行检测，达到满足破碎、搅拌、筛分最优化效果的含水量。不足时适当加水，含水量过高时，掺入适量生石灰，但掺量不宜过高，否则易造成土体板结，影响搅拌效果。夏季高温施工时，还须注意蒸发量对土体含水量的影响，根据施工进度，可在最佳含水量的基础上提高 1%~3%。

2）破碎筛分效果控制

控制筛分斗进料土体颗粒含量，大块石头和建筑垃圾在预处理阶段挑出，保证满足设备的进料要求；根据出料土体的粒径和均匀情况，控制加料速率，不满足要求时，重新加入进行处理，保证土体颗粒均匀性、松散度满足药剂充分搅拌均匀的要求（粒径≤40 mm）。

3）药剂投加量控制

土壤 pH 控制：pH 值对于氧化处理效果影响较大，因此施工过程中，须严格控制土壤 pH 和生石灰掺量，保证氧化修复反应的 pH 能达到 10 以上；同时堆放处理过程中也实时监测土体 pH，保证其最佳反应条件。

过硫酸氢钠用量控制：通过小试、中试确定过硫酸钠的最佳用量，控制搅拌筛分效果、碱性环境和氧化处理时间，实时监测氧化处理效果，达到反应时间后仍未满足修复目标时，单独再次进行搅拌加药处理，直至满足修复目标。

6.2.2 原位氧化修复技术示范

1. 原位氧化修复技术示范修复背景

该场地历史上曾为钢铁厂，场地内土壤有机物污染物为多环芳烃（苯并[a]蒽、苯并[a]芘、二苯并[a,h]蒽、苯并[b]荧蒽、茚并[1,2,3-cd]芘）与石油烃。根据修复设计要求，采用原位修复模式，修复深度为 3 m 和 6 m，修复面积约 6900 m²，修复土方总量约 23 000 m³。

2. 原位氧化修复技术性能及示范效果

根据各区域特点采取不同的原位搅拌修复设备和工艺参数实现污染土的原位化学氧化修复。污染深度 3 m 区采用 ALLU PMX300 型原位搅拌设备进行浅层搅拌修复；污染深度 6 m 区采用大直径深层搅拌桩施工设备深层搅拌修复；针对修复未达标的局部污染土体，采用二次加药原位复搅进行强化修复；如图 6-5 所示，经原位修复，场地土壤中的多环芳烃和总石油烃的浓度均低于修复目标值，100% 样品检测浓度均达到修复目标要求。修复场地地下水中关注污染物的检测值满足相关的标准要求，修复施工未对地下水造成污染，修复工程实施效果较好。

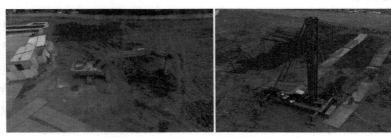

图 6-5　浅层搅拌修复和深层搅拌修复

3. 原位氧化修复技术要点

1）修复单元及施工工艺设计

3 m 修复区以 4 m×4 m 网格为一搅拌施工作业单元，3 m 深度内分两层搅拌并辅以挖机清障与分层配合，原位搅拌作业时，搅拌头转速设置为 80 r/min，单个施工单元的搅拌时间不少于 50 min。6 m 修复区采用一喷一搅的施工工艺，转速为 69.7 r/min 时即可达到各深度处的搅拌均匀性。同时，平面范围上为保证污染区域得到完全搅拌，不留处理空区，深层搅拌修复宜采用排桩搅拌搭接行进的方式进行施工。

2）施工质量控制

垂直度控制：对于下沉搅拌头垂直度要求较高，需确保施工过程中不发生倾斜、移动，如发现偏差过大，及时调整。药剂搅拌均匀性控制：搅拌施工过程中，为确保搅拌充分，搅拌机头提速不宜过快，以恒定的速率下沉和提升钻头；泵送药剂应连续均匀，使用流量泵控制输药速率，保证药剂和土壤的反应均匀。一旦下沉（提升）过程因故停止喷药剂，为防止反应不均匀，搅拌机应提升（下沉）停喷药剂点上（下）0.5 m，待恢复供药剂后再喷药剂下沉（提升）。

3）药剂用量控制

通过小试、中试确定氧化剂过硫酸钠的最佳配比、添加方法、养护方式与时间，实时监测氧化处理效果，直至满足修复目标。对于注药搅拌后软弱区域，适当掺入 3%的水泥固化剂搅拌均匀，降低含水率，提高土体强度。

6.3 典型场地原位生物地球化学转化强化修复技术示范

6.3.1 修复背景

该地块历史为某农药厂和某溶剂厂用地，农药厂始建于 20 世纪 50 年代，主要生产杀虫剂、杀菌剂、除草剂三大系列产品，溶剂厂始建于 20 世纪 80 年代，主要从事对废溶剂的处理和再生，均于 2014 年搬迁。受长期工业生产影响，地块内存在不同程度的水土污染，给周边环境质量带来显著影响。根据场地环境调查，场地内土壤与地下水中多种有机污染物超过相应参考标准值，主要的污染物包括苯系物、氯代烃（烷烃与烯烃）、氯苯类和石油烃，局部深度达 12 m，进入第 5 层黏土层，并且场地内有明显的 NAPL 自由相存在。为改善场地及周边环境质量，保障周边居民的健康安全，采用污染阻隔和原位生物地球化学转化强化修复的治理策略。

本研究主要测试零价铁凝胶小球耦合生物炭固定化微生物凝胶小球 ZVI@CA (50%)+BC&Cell@CA (50%) 型 Bio-PRB对该农药厂实际污染的地下水的修复性能。为确保功能材料实施区周边地下环境稳定，减少外界因素干扰，尤其是多相抽提引发的地下水流场变化,项目选择在场地西南部的 GW11 监测井中投加功能材料。具体实施采用井中填充垂向反应柱的形式，如图 6-6，头尾反应段填充的是零价铁凝胶小球（ZVI@CA）材料，中部反应段中填充生物炭固定化微生物凝胶小球（BC&Cell@CA）材料。修复材料 BC&Cell@CA 凝胶小球 2.5 kg 和 ZVI@CA 凝胶

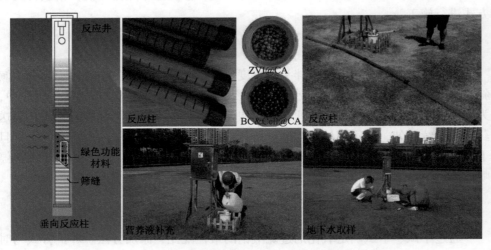

图 6-6　场地尺度装置设计和应用场景

小球 2.5 kg，场地尺度反应柱装置由 4 柱串联，每柱长 50.0 cm，总长 2.0 m，内径 5.0 cm，筛缝宽度 2 mm，筛孔间距 1.8 cm。反应柱顶部设置在埋深 2m 的监测井中（Φ25 cm，监测井深度 12.0 m），低于平均水位约 0.5 m。每隔一段时间抽取 1.0 L 的地下水，在监测井中补充 1.0 L 的营养液，用于微生物生长。试验持续 75 天。地下水样本被送往苏伊士环境检测机构（中国上海），检测氯代有机物和 BTEX 含量变化。某地块位于浏河支流河畔，距离河岸直线距离仅 20 m，占地面积约 50 000 m²。

6.3.2　技术修复性能及示范效果

选取 10 种代表性污染物为监测因子，主要为氯代有机物和苯系物。为获得试验监测井本底数据，统计了 GW11 监测井 2021 年 2~8 月的监测因子检出浓度，如图 6-7（a）所示。在未干预状态下，各污染物检出浓度维持在一定区间内，无大幅上升或下降趋势。在布设反应柱后，结果表明，ZVI@CA (50%)+BC&Cell@CA (50%)反应柱对某农药厂地下水中含氯有机化合物和 BTEX 的原位修复具有良好的效果。两种主要污染物氯苯和甲苯的初始平均浓度分别为 7322 μg/L 和 8928 μg/L，如图 6-7（b）所示；修复后，两种高浓度污染物氯苯和甲苯分别降至 2120 μg/L 和 2430 μg/L，去除率分别达到 71% 和 73%。对含氯有机物和 BTEX（1,2,4-三氯苯、1,2-二氯苯、1,4-二氯苯、2-氯甲苯、溴苯、间/对二甲苯、乙苯、苯、甲苯、氯苯）的去除率在 61% ~ 100% 之间，平均去除率达到 71%，如图 6-7（c）。其中 1,2,4-三氯苯（158 μg/L）、1,2-二氯苯（106 μg/L）、1,4-二氯苯（155 μg/L）被完全去除。

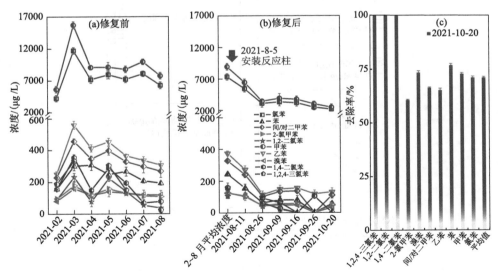

图 6-7　（a）未投加功能材料 GW11 监测井部分污染物检出浓度；（b）投加功能材料后 GW11 监测井部分污染物检出浓度；（c）GW11 监测井污染物去除率

此外，在 2021 年 8 月 4 日检测到五氯酚（162 μg/L），在 2021 年 8 月 5 日安装反应柱后，随后的监测中未检测到五氯酚。现场实验结果表明，ZVI@CA (50%)+ BC& Cell@CA (50%)反应柱可显著去除污染物，这是一种有效修复实际地下水中氯代有机物和 BTEX 污染的技术。

6.3.3 技术要点

1. 污染场地阻隔要求

污染场地需首先进行阻隔，阻隔系统由垂直隔离屏障和表层覆盖系统组成，垂直隔离屏障采用水泥土搅拌桩工艺，桩径为 Φ700 mm，桩长 13~15 m 不等，以进入第 6 层致密且渗透性低的粉质黏土不小于 0.5 m 为原则，相邻桩搭接长度为 300 mm，水泥掺入量 15%（暗浜区域 18%），水泥采用强度等级 P.0 42.5 级的普通硅酸盐水泥。表层铺设填土层+碎石层+GCL 膨润土垫+HDPE 土工膜+土工布+黏土层+碎石层+钢筋混凝土地坪/表层绿化。如图 6-8 和图 6-9 所示。

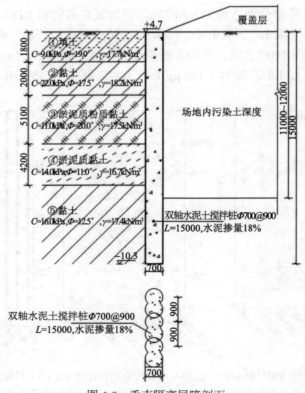

图 6-8　垂直隔离屏障剖面

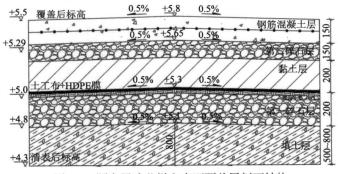

图 6-9　隔离屏障芯样和表面覆盖层剖面结构

2. 长期环境监测要求

为探察阻隔屏障内部污染物在无外界干扰下，强化修复后的生物地球化学过程，该项目在阻隔完成后进行长期环境监测，结合地块特点及政策标准制定了完整、多维、详尽的监测计划。监测工作的主要内容有：场地及周边大气环境监测、场地地下水环境监测、场地雨水明沟及邻近地表水水质监测等。采用高频次快检、低频次采样送检以及 24 h 在线监测三者相结合的监测手段，获得了大量的地球化学及微生物丰度数据。

3. 原位生物地球化学转化强化修复

本研究添加 2 种修复材料：铁基修复材料和碳基微生物修复材料；基于铁基材料的高反应活性，可快速还原地下水中高毒性污染物，降低地下水整体污染物浓度及毒性；同时基于碳基微生物材料中的生物炭吸附及其所负载功能脱氯菌群的降解及脱卤作用，进一步消除水体中污染物。两种材料协同配合，一方面铁基和碳基材料削弱微生物在地下水反应的高毒性条件；另一方面铁基材料还原污染物过程中释放 Fe^{2+} 和 Fe^{3+} 离子，有助于功能微生物中部分硫酸盐还原菌丰度的提升，其在代谢营养液中 SO_4^{2-} 的同时进一步共代谢降解地下水中的污染物，此外生物炭的负载能提供稳定的纳米尺度的巢穴结构，保持微生物菌群的持续繁殖、安全和活性，降低地下环境对微生物菌群的毒害。

本技术的实施利用上，需重点关注铁基和碳基材料在地下水中的制备形态和安装方式；制备形态建议以凝胶缓释小球或其他包埋形式以保护微生物活性和 Fe^{2+} 缓释长效作用等；安装方式建议设计承载器具和装置，方便安装和便于后续装置提取进行材料更换。此外建议对特异性微生物进行针对性驯化后再用于现场的实际应用以提升修复效果，且实施过程中建议定期补充营养元素满足微生物快速生长和修复需求。

参 考 文 献

[1] YANG Q, LI Z, LU X, et al. A review of soil heavy metal pollution from industrial and agricultural regions in China: Pollution and risk assessment[J]. Science of the Total Environment, 2018, 642: 690-700.

[2] RAGUZ V, JARSJO J, GROLANDER S, et al. Plant uptake of elements in soil and pore water: field observations versus model assumptions[J]. Journal of Environmental Management, 2013, 126: 147-156.

[3] BOLAN N, KUNHIKRISHNAN A, THANGARAJAN R, et al. Remediation of heavy metal(loid)s contaminated soils – To mobilize or to immobilize?[J]. Journal of Hazardous Materials, 2014, 266: 141-166.

[4] LIU C, CHEN Q Y. Chapter 2 - Catalytic accelerated polymerization of benzoxazines and their mechanistic considerations[M]//ISHIDA H, FROIMOWICZ P. Advanced and Emerging Polybenzoxazine Science and Technology. Amsterdam: Elsevier, 2017: 9-21.

[5] WANG L, CUI X, CHENG H, et al. A review of soil cadmium contamination in China including a health risk assessment[J]. Environmental Science and Pollution Research, 2015, 22(21): 16441-16452.

[6] TANG X, SHEN C, SHI D, et al. Heavy metal and persistent organic compound contamination in soil from Wenling: an emerging e-waste recycling city in Taizhou area, China[J]. Journal of Hazardous Materials, 2010, 173(1-3): 653-660.

[7] LI Z, MA Z, VAN DER KUIJP T J, et al. A review of soil heavy metal pollution from mines in China: pollution and health risk assessment[J]. Science of the Total Environment, 2014, 468-469: 843-853.

[8] 全国土壤污染状况调查公报[Z]//环境保护部, 国土资源部. 2014.

[9] YAN K, WANG H, LAN Z, et al. Heavy metal pollution in the soil of contaminated sites in China: Research status and pollution assessment over the past two decades[J]. Journal of Cleaner Production, 2022, 373.

[10] YU Y, LIU L, YANG C, et al. Removal kinetics of petroleum hydrocarbons from low-permeable soil by sand mixing and thermal enhancement of soil vapor extraction[J]. Chemosphere, 2019, 236: 124319.

[11] 李笑诺, 易诗懿, 陈卫平. 污染场地风险管控可持续评价指标体系构建及关键影响因素分析[J]. 环境科学, 2022, 43(05): 2699-2708.

[12] 骆永明. 中国污染场地修复的研究进展、问题与展望[J]. 环境监测管理与技术, 2011, 23(3): 1-6.

[13] MA Y, DONG B, BAI Y, et al. Remediation status and practices for contaminated sites in China: survey-based analysis[J]. Environmental Science and Pollution Research, 2018, 25: 33216–33224.

[14] 张文博, 孙宁, 丁贞玉, 等. 中国 "十三五" 土壤污染防治政策进展评估[J]. 世界环境, 2021, (05): 66-71.

[15] 李超, 李修强, 金晶, 等. 土壤热脱附技术修复工厂化模式研究[J]. 环境科技, 2020, 33(01): 45-49.

[16] 莫欣岳, 李欢, 安伟铭, 等. 基于健康风险的土壤和地下水修复目标分析——以某石油化工污染场地为例[J]. 江苏农业科学, 2017, 45(10): 205-208.

[17] LI Y, LI P, CUI X, et al. Groundwater quality, health risk, and major influencing factors in the lower Beiluo River watershed of northwest China[J]. Human and Ecological Risk Assessment: An International Journal, 2021, 27(7): 1987-2013.

[18] PAN H, LEI H, HE X, et al. Spatial distribution of organochlorine and organophosphorus pesticides in soil-groundwater systems and their associated risks in the middle reaches of the Yangtze River Basin[J]. Environ Geochem Health, 2019, 41(4): 1833-1845.

[19] FEI J-C, MIN X-B, WANG Z-X, et al. Health and ecological risk assessment of heavy metals pollution in an antimony mining region: a case study from South China[J]. Environmental Science and Pollution Research, 2017, 24(35): 27573-27586.

[20] 邹卉, 张斌, 万正茂, 等. 污染地下水的健康风险评估研究进展与启示[J]. 环境与发展, 2015, 27(01): 1-4.

[21] UDDH-SODERBERG T E, GUNNARSSON S J, HOGMALM K J, et al. An assessment of health risks associated with arsenic exposure via consumption of homegrown vegetables near contaminated glassworks sites[J]. Science of the Total Environment, 2015, 536: 189-197.

[22] ASTM. Standard Guide for Risk-Based Corrective Action:[S]. 2000.

[23] AGENCY E. Assessment of risks to human health from land contamination: An overview of the development of soil guideline values and related research[Z]. 2002.

[24] BRAND E, OTTE P F, JPA L. CSOIL 2000 an exposure model for human risk assessment of soil contamination. A model description[J]. Rijksinstituut Voor Volksgezondheid En Milieu Rivm, 2007.

[25] 董敏刚, 张建荣, 罗飞, 等. 我国南方某典型有机化工污染场地土壤与地下水健康风险评估 [J]. 土壤, 2015, 47(01): 100-106.

[26] 林挺, 罗飞, 朱艳, 等. Hydrus-1D 模型在推导基于保护地下水的土壤风险控制值中的应用 [J]. 环境科学学报, 2019, 40(12): 5640-5648.

[27] 谷庆宝, 郭观林, 周友亚, 等. 污染场地修复技术的分类、应用与筛选方法探讨[J]. 环境科学研究, 2008, 21(02): 197-202.

[28] 白利平, 罗云, 刘俐, 等. 污染场地修复技术筛选方法及应用[J]. 环境科学, 2015, 36: 4218-4224.

[29] 许石豪, 陈晶. 典型有机污染场地环境调查评价与修复设计研究[J]. 中国资源综合利用, 2017, 35: 13-22.

[30] 梅婷. 可渗透反应墙(PRB)技术综述 [J]. 环境与发展, 2019, 31(08): 89-90.

[31] 杨建东. 纳米技术在水处理和废水回收中的应用[J]. 首都师范大学学报(自然科学版), 2016, 37(02): 51-54.

[32] 李秀璋, 张宗豪, 刘欣, 等. 土壤生物修复技术研究进展[J]. 青海畜牧兽医杂志, 2021, 51(03): 52-56+72.

[33] PRASAD M N V, PRASAD R. Nature's cure for cleanup of contaminated environment- a review of bioremediation strategies[J]. Reviews on environmental health, 2012, 27(4): 181-189.

[34] 尹勇, 戴中华, 蒋鹏, 等. VOCs 污染场地地下水监测式自然衰减法可行性评价程序研究 [J]. 江西化工, 2013, (03): 28-31.

[35] 李玮, 陈家军, 郑冰, 等. 轻质油污染土壤及地下水的生物修复强化技术[J]. 安全与环境学报, 2004, (05): 47-51.

[36] 桂时乔, 马烈, 张芝兰, 等. 石油烃类污染地下水的汽提和原位化学氧化修复[J]. 环境科技, 2013, 26(03): 48-50+53.

[37] 张峰. 原位化学还原技术在氯代烃污染场地修复中的应用[J]. 上海化工, 2015, 40(10): 16-18.

[38] 张石磊, 肖满, 万鹏. 土壤气相抽提国际研究现状与发展趋势 [J]. 环境生态学, 2020, 2(01): 69-75.

[39] 张祥. 有机污染场地原位多相抽提修复研究进展[J]. 应用化工, 2020, 49(01): 207-211.

[40] SORENGARD M, LINDH A S, AHRENS L. Thermal desorption as a high removal remediation technique for soils contaminated with per- and polyfluoroalkyl substances (PFASs)[J]. PLoS One, 2020, 15(6): 0234476.

[41] 朱松. PET 特性黏度分析离群值的判定方法[J]. 聚酯工业, 2013, 26(03): 56-58.

[42] 袁梦姣, 王晓慧, 赵芳, 等. 零价铁与微生物耦合修复地下水的研究进展[J]. 中国环境科学, 2021, 41(03): 1119-1131.

[43] 蔡泳. 计数资料的统计分析方法[J]. 上海口腔医学, 2004, (03): 198-200.

[44] 束容与. 浅论相关分析与回归分析的联系与区别[J]. 中国校外教育, 2018, (09): 108-109.

[45] 胡良平. 计数资料回归分析基础知识[J]. 四川精神卫生, 2018, 31(05): 385-393.

[46] 黄建洪, 张琴, 王晋昆, 等. 水环境污染健康风险评价中饮水量暴露参数的研究进展[J]. 卫生研究, 2021, 50(01): 146-153.

[47] 冯娟, 胡智杰, 杨凯淇, 等. 土壤淋洗修复技术概述[J]. 广东化工, 2022, 49(18): 123-125.

[48] 戴军. 重金属污染土壤化学淋洗机理及淋洗废水净化处理的研究[D]. 南京农业大学, 2017.

[49] 洪祖喜. 土壤淋洗技术分析及应用现状[J]. 节能与环保, 2022, (09): 88-89.

[50] 唐冰. 表面活性剂对土壤重金属/芳烃污染物淋溶影响研究[D]. 贵州大学, 2019.

[51] 李爽, 胡晓钧, 李玉双, 等. 表面活性剂对多环芳烃的淋洗修复[J]. 环境工程学报, 2017, 11(03): 1899-1905.

[52] 胡婉月, 张焕祯, 祝红. 表面活性剂淋洗修复氯代烃污染土壤技术进展[C]//中国环境科学学会 2019 年科学技术年会——环境工程技术创新与应用分论坛, 中国陕西西安, 2019: 586-589+595.

[53] 支银芳, 陈家军, 杨官光, 等. 表面活性剂溶液清洗油污土壤试验研究[J]. 土壤, 2007, (02): 252-256.

[54] 陈静, 胡俊栋, 王学军, 等. 表面活性剂对土壤中多环芳烃解吸行为的影响[J]. 环境科学, 2006, (02): 361-365.

[55] MEI X, OLSON S M, HASHASH Y M A. Empirical porewater pressure generation model parameters in 1-D seismic site response analysis[J]. Soil Dynamics and Earthquake Engineering, 2018, 114: 563-567.

[56] 施维林, 李良, 贺志刚, 等. 场地土壤修复管理与实践[M]. 北京: 科学出版社, 2016.

[57] RAZIKA K, OUASSILA B, FATIHA B, et al. Surfactant remediation of diesel fuel polluted soil[J]. Journal of hazardous materials, 2009, 164(2-3).

[58] 孙学启. 表面活性剂在土壤污染治理中的应用[J]. 山东国土资源, 2021, 37(08): 44-51.

[59] 叶茂, 杨兴伦, 魏海江, 等. 持久性有机污染场地土壤淋洗法修复研究进展[J]. 土壤学报, 2012, 49(04): 803-814.

[60] 李亚飞. 异位土壤淋洗技术解析[J]. 皮革制作与环保科技, 2021, 2(15): 94-95.

[61] 诸毅, 徐博阳, 张帆, 等. 土壤淋洗修复技术及其影响因素概述[J]. 广东化工, 2021, 48(17): 147-148.

[62] 周智全, 张玉歌, 徐欢欢, 等. 化学淋洗修复重金属污染土壤研究进展[J]. 绿色科技, 2016, (24): 12-15.

[63] 程艳, 高静, 徐红纳, 等. 螯合剂 EDTA 简介[J]. 化学教育, 2009, 30(05): 4-6.

[64] 张永, 廖柏寒, 曾敏, 等. 表面活性剂在污染土壤修复中的应用[J]. 湖南农业大学学报(自然科学版), 2007, (03): 348-352.

[65] 刘江红, 薛健, 魏晓航. 表面活性剂淋洗修复土壤中重金属污染研究进展[J]. 土壤通报, 2019, 50(01): 240-245.

[66] MULLIGAN C N, YONG R N, GIBBS B F, et al. Metal Removal from Contaminated Soil and Sediments by the Biosurfactant Surfactin[J]. Environmental Science & Technology, 1999, 33(21): 3812-3820.

[67] 曹明超, 任宇鹏, 张严严, 等. 原位淋洗法修复重金属污染土壤研究进展[J]. 应用化工, 2019, 48(03): 668-672+676.

[68] 张中文. 茶皂素对土壤重金属污染淋洗修复的影响研究[D]. 山东农业大学, 2009.

[69] 马鹏. 基于重金属污染土壤淋洗修复研究[J]. 环境与发展, 2020, 32(10): 41+43.

[70] 李璐, 胡竹云, 王惠芸. 一种污染土有组织渗流原位强制净化方法: 中国, CN102728609A[P]. 2012-10-17.

[71] 张海秀, 吕正勇, 宋登慧. 原位多层水平井淋洗土壤修复方法和装置: 中国, CN107282620A[P]. 2017-10-24.

[72] 刘晓月, 李娟, 刘登彪. 一种三维井淋洗联合稳定化原位修复重金属污染土壤的方法: 中国, CN107159698A[P]. 2017-09-15.

[73] 张辉, 黄新建. 一种重金属污染土壤化学联合淋洗修复方法: 中国, CN103316903A[P]. 2013-09-25.

[74] 高国龙, 张望, 周连碧, 等. 重金属污染土壤化学淋洗技术进展[J]. 有色金属工程 2013, 3(01): 49-52.

[75] 杨国栋, 张梦竹, 冯涛, 等. 土壤重金属污染修复技术研究现状及展望[J]. 现代化工, 2020, 40(12): 50-54.

[76] 侯恺. 污染土壤修复技术综述[J]. 江西化工, 2019, (04): 26-29.

[77] 邹旭梅, 刘琳. 土壤与地下水有机污染物修复技术分析[J]. 中国金属通报, 2020, (09): 212-213.

[78] 陆庆朴. 有机物污染土壤修复技术应用[J]. 中国科技信息, 2020, (17): 49-50.

[79] 蒲生彦, 陈文英, 王宇, 等. 可控缓释技术在地下水原位修复中的应用研究进展[J]. 环境化学, 2020, 39(08): 2237-2244.

[80] SOGA K, PAGE J W, ILLANGASEKARE T H. A review of NAPL source zone remediation efficiency and the mass flux approach[J]. Journal of Hazardous Materials, 2004, 110(1-3): 13-27.

[81] ZHAO X, LIU W, CAI Z, et al. An overview of preparation and applications of stabilized zero-valent iron nanoparticles for soil and groundwater remediation[J]. Water Research, 2016, 100: 245-266.

[82] 黄润竹, 高艳娇, 刘瑞, 等. 应用可渗透反应墙进行地下水修复的综述[J]. 辽宁工业大学学报(自然科学版), 2016, 36(04): 240-244.

[83] 王泓泉. 污染地下水可渗透反应墙(PRB)技术研究进展[J]. 环境工程技术学报, 2020, 10(02): 251-259.

[84] 杨茸茸, 周军, 吴雷, 等. 可渗透反应墙技术中反应介质的研究进展[J]. 中国环境科学, 2021, 41(10): 4579-4587.

[85] 张希, 冯悦峰, 李正斌, 等. 可渗透反应墙技术修复重金属污染地下水的发展与展望[J]. 离子交换与吸附, 2022, 38(03): 269-283.

[86] 范淑芬, 辛佳, 黄静怡, 等. 基于零价铁的地下水化学还原修复体系中的电子转移有效性和电子竞争机制[J]. 化学进展, 2018, 30(07): 1035-1046.

[87] 陈正梁. 有机物污染土壤修复技术的应用概述[J]. 环境与发展, 2020, 32(03): 84-85.

[88] O'CONNOR D, HOU D, OK Y S, et al. Sustainable in situ remediation of recalcitrant organic pollutants in groundwater with controlled release materials: A review[J]. Journal of Controlled Release, 2018, 283: 200-213.

[89] 蒲生彦, 唐菁, 侯国庆, 等. 缓释型化学氧化剂在地下水 DNAPLs 污染修复中的应用研究进展[J]. 环境化学, 2020, 39(03): 791-799.

[90] 梁峻铭. 地下水污染修复的可渗透反应墙系统设计[J]. 机电信息, 2020, (14): 94-95.

[91] 王泓泉. 污染地下水可渗透反应墙(PRB)技术研究进展[J]. 环境工程技术学报, 2020, 10(02): 251-259.

[92] 窦文龙, 毛巧乐, 梁丽萍. 可渗透反应墙的研究与发展现状[J]. 四川环境, 2020, 39(01): 207-214.

[93] 褚兴飞, 王殿二, 顾志军. PRB 技术在污染场地治理中的应用及展望[J]. 广东化工, 2020, 47(24): 99-100+114.

[94] 熊佰炼, 张进忠, 彭韬, 等. 典型岩溶地区岩溶泉溶解性碳浓度变化及其通量估算[J]. 环境科学, 2018, 39(11): 4991-4998.

[95] REN D, LI S, WU J, et al. Remediation of phenanthrene-contaminated soil by electrokinetics coupled with iron/carbon permeable reactive barrier[J]. Environmental Engineering Science, 2019, 36(9): 1224-1235.

[96] GHOBADI R, ALTAEE A, ZHOU J L, et al. Copper removal from contaminated soil through electrokinetic process with reactive filter media[J]. Chemosphere, 2020, 252: 126607.

[97] DE POURCQ K, AYORA C, GARCIA-GUTIERREZ M, et al. A clay permeable reactive barrier to remove Cs-137 from groundwater: Column experiments[J]. Journal of Environmental Radioactivity 2015, 149: 36-42.

[98] 崔朋, 刘骁勇, 刘敏, 等. 原位化学氧化技术在苯酚类污染场地修复中的应用[J]. 山东化工, 2020, 49(09): 242-244.

[99] 张晶, 张峰, 马烈. 多相抽提和原位化学氧化联合修复技术应用——某有机复合污染场地地下水修复工程案例[J]. 环境保护科学, 2016, 42(03): 154-158.

[100] LAN G, WANG Z, YIN J, et al. Study on carbon dioxide outgassing in a Karst spring-fed surface stream[J]. Rock and Mineral Analysis, 2021, 40(5): 720-730.

[101] 郑伟, 梅浩, 陈敬仁. 原位化学氧化技术在地下水修复工程中的应用[J]. 资源节约与环保, 2018, (10): 23-25.

[102] 鞠雪峰. 土壤重金属污染修复方法研究[J]. 资源节约与环保, 2022, (10): 121-124.

[103] FENG Y, GONG J-L, ZENG G-M, et al. Adsorption of Cd (II) and Zn (II) from aqueous solutions using magnetic hydroxyapatite nanoparticles as adsorbents[J]. Chemical Engineering Journal, 2010, 162(2): 487-494.

[104] WANG T, LIU Y, WANG J, et al. In-situ remediation of hexavalent chromium contaminated groundwater and saturated soil using stabilized iron sulfide nanoparticles[J]. Journal of Environmental Management, 2019, 231: 679-686.

[105] PALANSOORIYA K N, SHAHEEN S M, CHEN S S, et al. Soil amendments for immobilization of potentially toxic elements in contaminated soils: A critical review[J]. Environment international, 2020, 134:

105046.

[106] FAN D, CHEN S, JOHNSON R L, et al. Field deployable chemical redox probe for quantitative characterization of carboxymethylcellulose modified nano zerovalent iron[J]. Environmental Science & Technology, 2015, 49(17): 10589-10597.

[107] ZHU F, LI L, REN W, et al. Effect of pH, temperature, humic acid and coexisting anions on reduction of Cr() in the soil leachate by nZVI/Ni bimetal material[J]. Environmental pollution, 2017, 227: 444-450.

[108] ZHU H, JIA Y, WU X, et al. Removal of arsenic from water by supported nano zero-valent iron on activated carbon[J]. Journal of Hazardous Materials, 2009, 172(2-3): 1591-1596.

[109] 朱韵. 重金属污染土壤修复中纳米材料的应用研究进展[J]. 四川建材, 2021, 47(05): 43-45.

[110] 付琴, 李灵. Cr 污染土壤修复中化学还原法的应用[J]. 低碳世界, 2021, 11(06): 26-27.

[111] 杨逸江, 张红. 地下水有机污染的原位生物修复技术及其应用[J]. 广东化工, 2013, 40(19): 111-113+198.

[112] 马黎颖, 和明敏, 陈绍华. 异化铁还原菌强化纳米零价铁在环境修复中的应用研究进展[J]. 广州化工, 2020, 48(21): 14-16.

[113] ZHANG D, WANG J, ZHAO J, et al. Comparative study of nickel removal from synthetic wastewater by a sulfate-reducing bacteria filter and a zero valent iron—sulfate-reducing bacteria filter[J]. Geomicrobiology Journal, 2016, 33(3-4): 318-324.

[114] WANG S, CHEN S, WANG Y, et al. Integration of organohalide-respiring bacteria and nanoscale zero-valent iron (Bio-nZVI-RD): A perfect marriage for the remediation of organohalide pollutants?[J]. Biotechnology Advances, 2016, 34(8): 1384-1395.

[115] WANG S, ZHENG D, WANG S, et al. Remedying acidification and deterioration of aerobic post-treatment of digested effluent by using zero-valent iron[J]. Bioresourec Technology, 2018, 247: 477-485.

[116] 陆贤, 郭美婷, 张伟贤. 纳米零价铁对耐四环素菌耐药特性的影响[J]. 中国环境科学, 2017, 37(01): 381-385.

[117] AN Y, DONG Q, ZHANG K. Bioinhibitory effect of hydrogenotrophic bacteria on nitrate reduction by nanoscale zero-valent iron[J]. Chemosphere, 2014, 103: 86-91.

[118] CHEN D, TAYLOR K P, HALL Q, et al. The Neuropeptides FLP-2 and PDF-1 Act in Concert To Arouse Caenorhabditis elegans Locomotion[J]. Genetics, 2016, 204(3): 1151-1159.

[119] WU P, WANG Z, BHATNAGAR A, et al. Microorganisms-carbonaceous materials immobilized complexes: Synthesis, adaptability and environmental applications[J]. Journal of Hazardous Materials, 2021, 416.

[120] WU N, ZHANG W, WEI W, et al. Field study of chlorinated aliphatic hydrocarbon degradation in contaminated groundwater via micron zero-valent iron coupled with biostimulation[J]. Chemical Engineering Journal, 2020, 384: 123349.

[121] XIN B P, WU C H, WU C H, et al. Bioaugmented remediation of high concentration BTEX-contaminated groundwater by permeable reactive barrier with immobilized bead[J]. Journal of Hazardous Materials, 2013, 244-245: 765-772.

[122] OH S Y, SEO Y D, KIM B, et al. Microbial reduction of nitrate in the presence of zero-valent iron and biochar[J]. Bioresourec Technology, 2016, 200: 891-896.

[123] YIN W, WU J, LI P, et al. Reductive transformation of pentachloronitrobenzene by zero-valent iron and mixed anaerobic culture[J]. Chemical Engineering Journal, 2012, 210: 309-315.

[124] DONG H, LI L, LU Y, et al. Integration of nanoscale zero-valent iron and functional anaerobic bacteria for groundwater remediation: A review[J]. Environment international, 2019, 124: 265-277.

[125] BARNES R J, RIBA O, GARDNER M N, et al. Inhibition of biological TCE and sulphate reduction in the presence of iron nanoparticles[J]. Chemosphere, 2010, 80(5): 554-562.

[126] VARJANI S J, UPASANI V N. A new look on factors affecting microbial degradation of petroleum hydrocarbon pollutants[J]. International Biodeterioration & Biodegradation, 2017, 120: 71-83.

[127] 刘维涛, 李剑涛, 郑泽其, 等. 微生物固定化技术修复石油烃污染土壤[J]. 应用技术学报, 2021, 21(04): 339-347.

[128] 曾永刚, 高大文. 白腐真菌固定化技术及其影响因素的研究进展[J]. 哈尔滨工业大学学报, 2008, (01): 141-146.

[129] CAI S, CAI T, LIU S, et al. Biodegradation of N-Methylpyrrolidone by Paracoccus sp. NMD-4 and its degradation pathway[J]. International Biodeterioration & Biodegradation, 2014, 93: 70-77.

[130] ABU TALHA M, GOSWAMI M, GIRI B S, et al. Bioremediation of Congo red dye in immobilized batch and continuous packed bed bioreactor by Brevibacillus parabrevis using coconut shell bio-char[J]. Bioresourec Technology, 2018, 252: 37-43.

[131] CHEN H-J, GUO G-L, TSENG D-H, et al. Growth factors, kinetics and biodegradation mechanism associated with Pseudomonas nitroreducens TX1 grown on octylphenol polyethoxylates[J]. Journal of Environmental Management, 2006, 80(4): 279-286.

[132] ZHUANG H, HAN H, XU P, et al. Biodegradation of quinoline by Streptomyces sp. N01 immobilized on bamboo carbon supported Fe_3O_4 nanoparticles[J]. Biochemical Engineering Journal, 2015, 99: 44-47.

[133] 姚雪丹, 付建红, 徐彤, 等. 重金属胁迫下的微生物代谢组学研究进展[J]. 生物资源, 2020, 42(06): 678-685.

[134] 赵晓峰. 耐铅乳酸菌分离鉴定、吸附特性及机理的研究[D]. 内蒙古农业大学, 2019.

[135] SULAYMON A H, MOHAMMED A A, AL-MUSAWI T J. Competitive biosorption of lead, cadmium, copper, and arsenic ions using algae[J]. Environmental Science and Pollution Research, 2013, 20(5): 3011-3023.

[136] VELASQUEZ L, DUSSAN J. Biosorption and bioaccumulation of heavy metals on dead and living biomass of Bacillus sphaericus[J]. Journal of Hazardous Materials, 2009, 167(1-3): 713-716.

[137] ZHAO F J, LOMBI E, MCGRATH S P. Assessing the potential for zinc and cadmium phytoremediation with the hyperaccumulator Thlaspi caerulescens[J]. Plant and Soil, 2003, 249(1): 37-43.

[138] 朱晓丽, 寇志健, 王军强, 等. 生物炭固定化硫酸盐还原菌对 Cd^{2+} 吸附及作用机制分析[J]. 环境科学学报, 2021, 41(07): 2682-2690.

[139] 李林, 艾雯妍, 文思颖, 等. 微生物吸附去除重金属效率与应用研究综述[J]. 生态毒理学报, 2022, 17(04): 503-522.

[140] 张敏, 范春, 赵茜. 微生物修复环境铬污染机制的研究进展[J]. 吉林大学学报(医学版), 2020, 46(06): 1338-1344.

[141] HASHIM M A, MUKHOPADHYAY S, SAHU J N, et al. Remediation technologies for heavy metal contaminated groundwater[J]. Journal of Environmental Management, 2011, 92(10): 2355-2388.

[142] VIJAYARAGHAVAN K, YUN Y S. Bacterial biosorbents and biosorption[J]. Biotechnology Advances, 2008, 26(3): 266-291.

[143] VALDMAN E, LEITE S G F. Biosorption of Cd, Zn and Cu by Sargassum sp. waste biomass[J]. Bioprocess Engineering, 2000, 22(2).

[144] 朱一民, 周东琴, 魏德州. 啤酒酵母菌对汞离子(Ⅱ)的生物吸附[J]. 东北大学学报, 2004, (01): 89-91.

[145] 李荣林, 李优琴, 沈寿国, 等. 重金属污染的微生物修复技术[J]. 江苏农业科学, 2005, (04): 1-3+25.

[146] MA Y, LIN C, JIANG Y, et al. Competitive removal of water-borne copper, zinc and cadmium by a $CaCO_3$-dominated red mud[J]. Journal of Hazardous Materials, 2009, 172(2-3): 1288-1296.

[147] GOULHEN F, GLOTER A, GUYOT F, et al. Cr(VI) detoxification by Desulfovibrio vulgaris strain Hildenborough: microbe-metal interactions studies[J]. Applied microbiology and biotechnology, 2006, 71(6): 892-897.

[148] 孙嘉龙, 李梅, 曾德华. 微生物对重金属的吸附、转化作用[J]. 贵州农业科学, 2007, (05): 147-150.

[149] 陈小攀, 冯秀娟. 微生物对重金属元素作用机理综述[J]. 有色金属科学与工程, 2012, 3(03): 56-59.

[150] 王兆阳, 陆彬, 何彩群, 等. 微生物在重金属污染土壤修复中的作用研究[J]. 皮革制作与环保科技,

2022, 3(13): 130-132.

[151] LOVLEY D R, ANDERSON R T. Influence of dissimilatory metal reduction on fate of organic and metal contaminants in the subsurface[J]. Hydrogeology Journal, 2000, 8(1).

[152] FENDLER J H. Biomineralization inspired preparation of nanoparticles and nanoparticulate films[J]. Current Opinion in Solid State & Materials Science, 1997, 2(3): 365-369.

[153] LE PAPE P, BATTAGLIA-BRUNET F, PARMENTIER M, et al. Complete removal of arsenic and zinc from a heavily contaminated acid mine drainage via an indigenous SRB consortium[J]. Journal of Hazardous Materials, 2017, 321: 764-772.

[154] 王鹤茹, 刘燕舞. 污染土壤生物修复的研究进展[J]. 安徽农业科学, 2010, 38(20): 11013-11014+11017.

[155] 李坤陶. 生物修复技术及其应用[J]. 生物学教学, 2007, (01): 4-6.

[156] 武雯雯, 薛林贵, 张璐, 等. 一株产嗜铁素耐镉菌的分离及其对黑麦草种子萌发的作用[J]. 微生物学通报, 2021, 48(06): 1895-1906.

[157] 胡玲君. 土壤铅镉污染修复中植物修复技术的研究进展[J]. 皮革制作与环保科技, 2021, 2(15): 96-97.

[158] 徐嘉礼. 矿物复合材料协同微生物原位修复地下水中 Cr（Ⅵ）污染的研究[D]. 绍兴文理学院, 2020.

[159] 岳耀权, 杨宁, 陈宁, 等. 设施重金属污染土壤微生物修复技术研究进展[J]. 山东农业科学, 2019, 51(07): 167-172.

[160] 刘晓. 微生物技术在重金属污染土壤修复中的应用研究[J]. 现代农业研究, 2022, 28(06): 25-27.

[161] 熊张东. 重金属污染土壤的微生物原位修复技术研究进展[J]. 世界有色金属, 2019, (09): 269-270.

[162] 杨海, 黄新, 林子增, 等. 重金属污染土壤微生物修复技术研究进展[J]. 应用化工, 2019, 48(06): 1417-1422.

[163] 刘国强, 顾轩竹, 胡哲伟, 等. 农业土壤有机污染生物修复技术研究进展[J]. 江苏农业科学, 2022, 50(01): 27-33.

[164] 陈清林. 污染土壤生物修复技术的研究进展[J]. 广东化工, 2013, 40(15): 127-128.

[165] 王啟华, 刘沙, 黄蓓, et al. 土壤有机物污染异位气相抽提技术研究[J]. 中国资源综合利用, 2020, 38(02): 125-127.

[166] GUO X, WEI Z, WU Q, et al. Effect of soil washing with only chelators or combining with ferric chloride on soil heavy metal removal and phytoavailability: Field experiments[J]. Chemosphere, 2016, 147: 412-419.

[167] PARK B, SON Y. Ultrasonic and mechanical soil washing processes for the removal of heavy metals from soils[J]. Ultrasonics Sonochemistry, 2017, 35: 640-645.

[168] FERRARO A, VAN HULLEBUSCH E D, HUGUENOT D, et al. Application of an electrochemical treatment for EDDS soil washing solution regeneration and reuse in a multi-step soil washing process: Case of a Cu contaminated soil[J]. Journal of Environmental Management, 2015, 163: 62-69.

[169] SHAHID M, POURRUT B, DUMAT C, et al. Heavy-Metal-Induced Reactive Oxygen Species: Phytotoxicity and Physicochemical Changes in Plants[J]. Reviews of Environmental Contamination and Toxicology, 2014, 232: 1-44.

[170] KULIKOWSKA D, GUSIATIN Z M, BULKOWSKA K, et al. Feasibility of using humic substances from compost to remove heavy metals (Cd, Cu, Ni, Pb, Zn) from contaminated soil aged for different periods of time[J]. Journal of Hazardous Materials, 2015, 300: 882-891.

[171] LIAO X, LI Y, YAN X. Removal of heavy metals and arsenic from a co-contaminated soil by sieving combined with washing process[J]. Journal of Environmental Sciences, 2016, 41: 202-210.

[172] SAIFULLAH S M, ZIA-UR-REHMAN M, SABIR M, et al. Phytoremediation of Pb-contaminated soils using synthetic chelates[M]. Elsevier Inc, 2015.

[173] UDOVIC M, LESTAN D. Fractionation and bioavailability of Cu in soil remediated by EDTA leaching and processed by earthworms (Lumbricus terrestris L.)[J]. Environmental Science and Pollution Research, 2010, 17(3): 561-570.

[174] MAKINO T, TAKANO H, KAMIYA T, et al. Restoration of cadmium-contaminated paddy soils by washing

with ferric chloride: Cd extraction mechanism and bench-scale verification[J]. Chemosphere, 2008, 70(6): 1035-1043.

[175] TORRES L G, LOPEZ R B, BELTRAN M. Removal of As, Cd, Cu, Ni, Pb, and Zn from a highly contaminated industrial soil using surfactant enhanced soil washing[J]. Physics and Chemistry of the Earth, 2012, 37-39: 30-36.

[176] WEI M, CHEN J, WANG X. Removal of arsenic and cadmium with sequential soil washing techniques using Na(2)EDTA, oxalic and phosphoric acid: Optimization conditions, removal effectiveness and ecological risks[J]. Chemosphere, 2016, 156: 252-261.

[177] 周友亚, 贺晓珍, 侯红, 等. 气相抽提法去除土壤中的苯和乙苯[J]. 化工学报, 2009, 60(10): 2590-2595.

[178] 王喜, 陈鸿汉, 刘菲, 等. 依据挥发性污染物浓度变化划分土壤气相抽提过程的研究[J]. 农业环境科学学报, 2009, 28(05): 903-907.

[179] 张文, 徐峰, 杨勇, 等. 重金属污染土壤异位淋洗技术工艺分析及设计建议[J]. 环境工程, 2016, 34(12): 177-182+187.

[180] 李佳, 曹兴涛, 隋红, 等. 石油污染土壤修复技术研究现状与展望[J]. 石油学报（石油加工）, 2017, 33(5): 811-833.

[181] 杨乐巍, 张晓斌, 郭丽莉, 等. 异位土壤气相抽提修复技术在北京某地铁修复工程中的应用实例[J]. 环境工程, 2016, 34(05): 170-172+142.

[182] 梅志华, 赵申. 热强化气相抽提法在某有机污染场地的中试应用[J]. 化工管理, 2015, (11): 167-168.

[183] 朱杰, 罗启仕, 李心倩. 热传导强化气相抽提处理苯系物污染土壤实验[J]. 环境化学, 2013, 32(08): 1546-1553.

[184] 李晓杰, 张文文, 马传博, 马福俊, 谷庆宝, 许端平. 热强化气相抽提修复东北地区苯污染土壤研究 [J]. 环境工程, 2022.

[185] 黄海, 徐峰, 杜伟 等. 太阳能热强化 SVE 修复苯、萘污染土壤中试研究及应用潜力评估[C]//《环境工程》2018 年全国学术年会, 中国北京, 2018: 289-292+308.

[186] 马妍, 董彬彬, 杜晓明, 等. 挥发及半挥发性有机物污染场地异位修复技术的二次污染及其防治[J]. 环境工程, 2017, 35(04): 174-178.

[187] 姚佳斌, 张语情, 蒋尚, 等. 气相抽提技术在有机物污染场地中的应用[J]. 节能与环保, 2021, (01): 69-70.

[188] 盛王超, 焦文涛, 李绍华, 等. 焦化类污染场地堆式燃气热脱附工程示范与效果评估[J]. 环境科学研究, 2022: 1-13.

[189] 王磊, 龙涛, 祝欣. 用于土壤及地下水修复的多相抽提技术原理及其有效性评估方法[C]//2013 中国环境科学学会学术年会, 中国云南昆明, 2013: 1746-1752.

[190] SOARES A A, ALBERGARIA J T, DOMINGUES V F, et al. Remediation of soils combining soil vapor extraction and bioremediation: Benzene[J]. Chemosphere, 2010, 80(8): 823-828.

[191] QIN C Y, ZHAO Y S, ZHENG W, et al. Study on influencing factors on removal of chlorobenzene from unsaturated zone by soil vapor extraction[J]. Journal of Hazardous Materials, 2010, 176(1-3): 294-299.

[192] 王磊, 龙涛, 张峰, 等. 用于土壤及地下水修复的多相抽提技术研究进展[J]. 生态与农村环境学报, 2014, 30(02): 137-145.

[193] 付微. 上海市某污染地块地下水异位修复案例分析[J]. 上海建设科技, 2020, (05): 62-65.

[194] 张云达, 顾春杰, 何健, 等. 多相抽提技术在有机复合污染场地治理中的应用[J]. 上海建设科技, 2018, (01): 71-74.

[195] 王澎, 王峰, 陈素云. SVE 法修复污染场地所需工艺参数的确定[J]. 环境工程, 2010, 28(06): 108-112.

[196] 闫浩. 多相抽提+原位化学氧化工艺去除地下水中苯的应用研究[J]. 工业安全与环保, 2020, 46(6): 89-92.

[197] DERMONT G, BERGERON M, MERCIER G, et al. Soil washing for metal removal: A review of physical/chemical technologies and field applications[J]. Journal of Hazardous Materials, 2008, 152(1): 1-31.

[198] 梅竹松, 胡相华, 吴伟. 化学淋洗—H_2O_2-O_3-UV 复合催化氧化技术修复硝基甲苯—氯、二氯代物污染土壤工程实例[J]. 化工环保, 2018, 38(05): 599-604.

[199] 袁珊珊, 宋震宇, 巢军委, 等. 氧化淋洗联合修复氰化物污染土壤技术及工程实践[J]. 环境工程学报, 2020, 14(11): 3192-3200.

[200] 徐持平, 周卫军, 徐庆国. 分级分筛式异位重金属污染土壤淋洗技术[J]. 基因组学与应用生物学, 2019, 38(07): 3002-3008.

[201] 朱瑞利. EDTA 淋洗重金属污染土壤的修复应用实例[J]. 云南化工, 2021, 48(05): 95-97.

[202] 高珂, 朱荣, 邹华, 等. 超声强化淋洗修复 Pb、Cd、Cu 复合污染土壤[J]. 环境工程学报, 2018, 12(08): 2328-2337.

[203] 江建斌. 淋洗修复技术用于重金属污染土壤的研究与系统设计[J]. 上海建设科技, 2021, (01): 75-78+81.

[204] 马先芮. 抽提处置和土壤淋洗技术在上海某大型污染场地中的应用[J]. 广东化工, 2020, 47(15): 123-125+114.

[205] 邱沙, 陈志国, 郭鹏志, 等. 筑堆淋洗工艺处理某氰化物污染土壤工程实践[J]. 环境工程技术学报, 2018, 8(01): 104-108.

[206] 蒋文波, 高柏, 沈威, 等. 放射性核素钍污染土壤有机酸化学淋洗工艺[J]. 中国环境科学, 2021, 41(05): 2311-2318.

[207] 何跃, 张孝飞, 甘文君, 等. 淋洗修复电镀厂铬污染土壤的技术参数和工艺条件[C]// "加快经济发展方式转变——环境挑战与机遇"——2011 中国环境科学学会学术年会, 中国新疆乌鲁木齐, 2011: 723-728.

[208] 王亚平, 毅黄, 王苏明, 等. 土壤和沉积物中元素的化学形态及其顺序提取法[J]. 地质通报, 2005, 24(8): 728-734.

[209] 实李, 张翔宇, 潘利祥. 重金属污染土壤淋洗修复技术研究进展[J]. 化工技术与开发, 2014, 43(11): 27-31.

[210] 周芙蓉, 钟礼春, 杨寿南. 复合淋洗剂对镉污染土壤的淋洗效果[J]. 安徽农业科学, 2017, 45(23): 52-54.

[211] 蒋越, 李广辉, 王东辉, 等. 天然有机酸和 DTPA 组合工艺对 Cr(Ⅵ)污染土壤的淋洗修复[J]. 环境工程学报, 2020, 14(7): 1903-1914.

[212] 易龙生, 王文燕, 陶冶, 等. 有机酸对污染土壤重金属的淋洗效果研究[J]. 农业环境科学学报, 2013, 32(4): 701-707.

[213] 李世业, 成杰民. 化工厂遗留地铬污染土壤化学淋洗修复研究[J]. 土壤学报, 2015, 52(4): 869-878.

[214] 孙涛, 陆扣萍, 王海龙. 不同淋洗剂和淋洗条件下重金属污染土壤淋洗修复研究进展[J]. 浙江农林大学学报, 2015, 32(1): 140-149.

[215] 孟蝶, 万金忠, 张胜田. 鼠李糖脂对林丹-重金属复合污染土壤的同步淋洗效果研究[J]. 环境科学学报, 2014, 34(1): 229-237.

[216] 朱光旭, 郭庆军, 杨俊兴, 等. 淋洗剂对多金属污染尾矿土壤的修复效应及技术研究[J]. 环境科学, 2013, 34(9): 3690-3696.

[217] 宁小兵. 石油污染土壤异位淋洗修复技术的研究与应用[D]. 湖南农业大学, 2010.

[218] 孟繁超, 黄飞云. 当前场地土壤和地下水调查及其修复探究[J]. 节能环保, 2020: 31-32.

[219] 杜海光, 夏兰生. 污染场地修复技术研究及修复实例分析[J]. 大氮肥, 2018, 41(02): 106-111+115.

[220] 骆永明. 土壤环境的生物地球化学过程、质量演变和风险管理研究展望[J]. 土壤学报, 2008, (05): 846-851.

[221] 李宇华, 张旭, 李广贺, 等. 苯污染地下水系统反硝化菌分布及其净化过程[J]. 环境污染治理技术与设备, 2005, (06): 12-15.

[222] 陈梦舫, 骆永明, 宋静. 场地含水层氯代烃污染物自然衰减机制与纳米铁修复技术的研究进展[J]. 环境监测管理与技术, 2011, 23(3): 85-98.

[223] 何江涛, 程东会, 韩冰. 浅层地下水氯代烃污染天然衰减速率的估算[J]. 地学前缘, 2006, 13(1): 140-144.

[224] WU Y, XU L, WANG S. Nitrate attenuation in low-permeability sediments based on isotopic and microbial

analyses[J]. Science of the Total Environment, 2018, 618: 15.

[225] 李军, 梁永平, 邹胜章, 等. 微生物在地下水污染修复中的应用研究进展[J]. 环境污染与防治, 2021, 43(05): 638-643.

[226] ZOBELL C E. Assimilation of hydrocarbons by microorganisms[J]. Advances in enzymology and related subjects of biochemistry, 1950, 10: 443-486.

[227] ANNESER B, PILLONI G, BAYER A. High Resolution Analysis of Contaminated Aquifer Sediments and Groundwater-What Can be Learned in Terms of Natural Attenuation[J]. Geomicrobiology Journal, 2010, 27(2): 130-142.

[228] CHOI H-M, LEE J-Y. Groundwater contamination and natural attenuation capacity at a petroleum spilled facility in Korea[J]. J Journal of Environmental Sciences, 2011, 23(10): 1650-1659.

[229] LIEN P J, YANG Z H, CHANG Y M, et al. Enhanced bioremediation of TCE-contaminated groundwater with coexistence of fuel oil: Effectiveness and mechanism study[J]. Chemical Engineering Journal, 2016, 289: 525-536.

[230] 王泓博, 苟文贤, 吴玉清, 等. 重金属污染土壤修复研究进展:原理与技术[J]. 生态学杂志, 2021, 40(08): 2277-2288.

[231] L W S, N M C. Natural attenuation processes for remediation of arsenic contaminated soils and groundwater[J]. Journal of Hazardous Materials, 2006, 138(3): 459-470.

[232] 王喆, 蔡敬怡, 侯士田, 等. 地球化学工程技术修复农田土壤重金属污染研究进展[J]. 土壤, 2020, 52(3): 445-450.

[233] KRISHNA A K, MOHAN K R, MURTHY N N. Monitored natural attenuation as a remediation tool for heavy metal contamination in soils in an abandoned gold mine area[J]. Current Science, 2010, 99(5): 628-635.

[234] WU G, KANG H, ZHANG X, et al. A critical review on the bio-removal of hazardous heavy metals from contaminated soils: issues, progress, eco-environmental concerns and opportunities[J]. Journal of Hazardous Materials, 2010, 174(1-3): 1-8.

[235] FREITAS J G, MOCANU M T, ZOBY J L, et al. Migration and fate of ethanol-enhanced gasoline in groundwater: a modelling analysis of a field experiment[J]. Journal of Contaminant Hydrology, 2011, 119(1-4): 25-43.

[236] KAO C M, PROSSER J. Evaluation of natural attenuation rate at a gasoline spill site[J]. Journal of Hazardous Materials, 2001, 82(3): 272-289.

[237] GOVINDARAJU R S, DAS B S. Moment Analysis For Subsurface Hydrologic Applications[M]. Netherlands: Springer, Dordrecht, 2007.

[238] 宁卓, 郭彩娟, 蔡萍萍. 某石油污染含水层降解能力地球化学评估[J]. 中国环境科学, 2018, 38(11): 4068-4074.

[239] 陈余道, 和乐为, 夏源. BTEX 在乙醇汽油和传统汽油污染地下水中的衰减行为对比[J]. 环境科学学报, 2020, 40(06): 2142-2149.

[240] 席北斗, 李娟, 汪洋, 等. 京津冀地区地下水污染防治现状、问题及科技发展对策[J]. 环境科学研究, 2019, 32(01): 1-9.

[241] 孙沛. 不同类型土壤污染状况及其修复技术综述[J]. 农业开发与装备, 2019, (08): 81-82.

[242] RITZKOWSKI M, HEYER K U, STEGMANN R. Fundamental processes and implications during in situ aeration of old landfills[J]. Waste Management, 2006, 26(4): 356-372.

[243] 陈敏. 地下水污染修复技术综述[J]. 云南化工, 2020, 47(11): 12-14.

[244] 王凯雄, 姚铭. 亨利定律及其在环境科学与工程中的应用[J]. 浙江树人大学学报, 2004, (06): 90-94+98.

[245] 曲新, 张鹏. 利用亨利定律计算成品酒中瓶颈空气对酒液中溶解氧的影响[J]. 啤酒科技, 2004, (02): 28+30.

[246] 马壮, 熊元武, 罗丹丹. 典型曝气增氧技术及其案例分析[J]. 节能与环保, 2021, (01): 56-58.

[247] 刘志彬, 方伟, 陈志龙. 饱和带地下水曝气修复技术研究进展[J]. 地球科学进展, 2013, 28(10): 1154-1159.

[248] 凌云. 臭氧-吹脱预处理沼液废水以培养微藻的研究[J]. 环境科学与技术, 2018, 41: 239-245.

[249] 张振泰. 微纳米气泡强化吹脱去除垃圾渗滤液中高浓度氨氮的试验[D]. 西北农林科技大学, 2022.

[250] 陈志旭, 李高亮, 兰天, 等. 空气吹脱亚硝酸效果影响因素的研究[J]. 科技视界, 2014, (18): 48-49.

[251] 宋欣, 陆检生. 曝气设备在污水处理中的应用及其研究进展[J]. 造纸装备及材料, 2020, 49(06): 85-87.

[252] 王琪. 我国地下水污染现状与防治对策研究[J]. 环境与发展, 2017, 29: 70-72.

[253] 郑才庆. 我国地下水污染现状及对策措施分析[J]. 环境科学导刊, 2018, 37: 49-52.

[254] 陈楠纬. 地下水污染修复技术研究进展[J]. 云南化工, 2019, 46(6): 1-5.

[255] THIRUVENKATACHARI R, VIGNESWARAN S, NAIDU R. Permeable reactive barrier for groundwater remediation[J]. Journal of Industrial and Engineering Chemistry, 2008, 14(2): 145-156.

[256] 尹秀贞. 地下水污染特征及其修复技术应用探析[J]. 地下水, 2018, 40(1): 73-75+118.

[257] 贺安琪, 马宏瑞, 姜勤勤, 等. 生物渗透反应墙效能及微生物生态评估[J]. 皮革科学与工程, 2022, 32: 21-26.

[258] 倪海龙. 寄情填埋场 拨水污染迷雾——记2017年度国家科技进步奖二等奖获奖项目"填埋场地下水污染系统防控与强.[J]. 中国科技奖励, 2018, 226: 64-65.

[259] 诸毅. 污染地下水可渗透反应墙(PRB)修复技术及其应用设计[J]. 环境工程, 2017, 35: 484-488.

[260] MOTLAGH A M, YANG Z, SABA H. Groundwater quality[J]. Water Environment Research 2020, 92(10): 1649-1658.

[261] SIGGINS A, THORN C, HEALY M G, et al. Simultaneous adsorption and biodegradation of trichloroethylene occurs in a biochar packed column treating contaminated landfill leachate[J]. Journal of Hazardous Materials, 2021, 403: 123676.

[262] LEE J Y, LEE K J, YOUM S Y, et al. Stability of multi-permeable reactive barriers for long term removal of mixed contaminants[J]. Bulletin of Environmental Contamination and Toxicology, 2010, 84(2): 250-254.

[263] WANG W, WU Y. Sequential coupling of bio-augmented permeable reactive barriers for remediation of 1,1,1-trichloroethane contaminated groundwater[J]. Environmental Science and Pollution Research 2019, 26(12): 12042-12054.

[264] WANG W, GONG T, LI H, et al. The multi-process reaction model and underlying mechanisms of 2,4,6-trichlorophenol removal in lab-scale biochar-microorganism augmented ZVI PRBs and field-scale PRBs performance[J]. Water Research, 2022, 217: 118422.

[265] FULLER M E, HEDMAN P C, LIPPINCOTT D R, et al. Passive in situ biobarrier for treatment of comingled nitramine explosives and perchlorate in groundwater on an active range[J]. Journal of Hazardous Materials, 2019, 365: 827-834.

[266] DONG D, SUN H, QI Z, et al. Improving microbial bioremediation efficiency of intensive aquacultural wastewater based on bacterial pollutant metabolism kinetics analysis[J]. Chemosphere, 2021, 265: 129151.

[267] 金慧娟. 六氯-1,3-丁二烯的微生物降解研究进展[J]. 微生物学通报, 2020, 47.

[268] 张希. 可渗透反应墙技术修复重金属污染地下水的发展与展望[J]. 离子交换与吸附, 2022, 38: 269-283.

[269] 刘翔. 零价铁PRB技术在地下水原位修复中的研究进展[J]. 环境科学研究, 2013, 26: 1309-1315.

[270] 崔俊芳, 郑西来, 林国庆. 地下水有机污染处理的渗透性反应墙技术[J]. 水科学进展, 2003, 14: 363-367.

[271] MUELLER N C, BRAUN J, BRUNS J, et al. Application of nanoscale zero valent iron (NZVI) for groundwater remediation in Europe[J]. Environmental Science and Pollution Research, 2012, 19(2): 550-558.

[272] 李卉, 赵勇胜, 韩占涛. 改性纳米铁原位反应带修复范围影响因素研究[J]. 中国环境科学, 2015, 35(04): 1135-1141.

[273] 郑西来, 唐凤琳, 辛佳, 等. 污染地下水零价铁原位反应带修复技术:理论·应用·展望[J]. 环境科学研

究, 2016, 29(02): 155-163.

[274] OLIVEIRA M, MACHADO A V, NOGUEIRA R. Development of Permeable Reactive Barrier for Phosphorus Removal[C]//5th International Materials Symposium/14th Conference of the Sociedade-Portuguesa-de-Materiais, Lisbon, PORTUGAL, Apr 05-08, 2009: 1365.

[275] XUE-QING Z, HUI L. Formation and remediation simulation of an *in-situ* reactive zone with nanoiron for a nitrobenzene-contaminated aquifer[J]. Water Supply, 2018, 18(6): 2071-2080.

[276] CRANE R A, SCOTT T B. Nanoscale zero-valent iron: future prospects for an emerging water treatment technology[J]. Journal of Hazardous Materials, 2012, 211-212: 112-125.

[277] O'CARROLL D, SLEEP B, KROL M, et al. Nanoscale zero valent iron and bimetallic particles for contaminated site remediation[J]. Advances in Water Resources, 2013, 51: 104-122.

[278] 李旭, 晁赢, 阎祥慧, 等. 植物修复技术治理农田土壤重金属污染的研究进展[J]. 河南农业科学, 2022: 1-13.

[279] 卢楠, 魏样, 李燕. 5 种矿区土著植物对铅污染土壤的修复潜力研究[J]. 环境工程, 2022: 1-12.

[280] 陈亮. 功能内生菌强化植物修复重金属污染土壤的作用与机制研究[D]. 湖南大学, 2013.

[281] SIMMER R A, SCHNOOR J L. Phytoremediation, bioaugmentation, and the plant microbiome[J]. Environmental Science & Technology, 2022, 56(23): 16602-16610.

[282] RENTZ J A, CHAPMAN B, ALVAREZ P J, et al. Stimulation of hybrid poplar growth in petroleum-contaminated soils through oxygen addition and soil nutrient amendments[J]. Int J Phytoremediation, 2003, 5(1): 57-72.

[283] SHIMP J F, TRACY J C, DAVIS L C, et al. Beneficial effects of plants in the remediation of soil and groundwater contaminated with organic materials[J]. Critical Reviews in Environmental Science and Technology, 1993, 23(1): 41-77.

[284] RENTZ J A, ALVAREZ P J, SCHNOOR J L. Benzo[a]pyrene co-metabolism in the presence of plant root extracts and exudates: Implications for phytoremediation[J]. Environmental pollution, 2005, 136(3): 477-484.

[285] RENTZ J A, ALVAREZ P J, SCHNOOR J L. Benzo[a]pyrene degradation by Sphingomonas yanoikuyae JAR02[J]. Environmental pollution, 2008, 151(3): 669-677.

[286] 王效举. 植物修复技术在污染土壤修复中的应用[J]. 西华大学学报, 2019, 038(001): 65-70.

[287] 李燕. 污染场地生物修复技术应用研究[J]. 环境保护与循环经济, 2019, 39(05): 22-25+60.

[288] 刘志阳. 地下水污染修复技术综述[J]. 环境与发展专论与综述, 2016: 1-4.

[289] WANG L, HOU D, SHEN Z, et al. Field trials of phytomining and phytoremediation: A critical review of influencing factors and effects of additives[J]. Critical Reviews in Environmental Science and Technology, 2019, 50(24): 2724-2774.

[290] WU Y, TREJO H X, CHEN G, et al. Phytoremediation of contaminants of emerging concern from soil with industrial hemp (Cannabis sativa L.): a review[J]. Environment, Development Sustainability, 2021, 23: 14405-14435.

[291] 郭志红, 张淑琴, 王莎, 等. 重金属-石油烃复合污染土壤植物修复技术研究[J]. 现代化工, 2021, 41(09): 61-64+69.

[292] 王涛, 吴启美. 植物根际降解土壤多氯联苯机理研究进展[J]. 环境科学与技术, 2021, 44(04): 36-43.

[293] HAIDER F U, EJAZ M, CHEEMA S A, et al. Phytotoxicity of petroleum hydrocarbons: Sources, impacts and remediation strategies[J]. Environmental Research, 2021, 197: 113031.

[294] SV A, SANG S, KB C, et al. Bioremediation strategies with biochar for polychlorinated biphenyls (PCBs)-contaminated soils: A review[J]. Environmental Research, 2021, 200: 111757.

[295] LIANG Y, MEGGO R, HU D, et al. Enhanced polychlorinated biphenyl removal in a switchgrass rhizosphere by bioaugmentation with Burkholderia xenovorans LB400[J]. Ecological engineering, 2014, 71: 215.

[296] ASLUND M, ZEEB B A, RUTTER A, et al. In situ phytoextraction of polychlorinated biphenyl - (PCB)contaminated soil[J]. Science of the Total Environment, 2007, 374(1): 1-12.

[297] SIVARAM, ANITHADEVI, KENDAY, et al. Impact of plant photosystems in the remediation of benzo[a]pyrene and pyrene spiked soils[J]. Chemosphere, 2018, 193: 625-634.

[298] JIA H, WANG H, LU H, et al. Rhizodegradation potential and tolerance of Avicennia marina (Forsk.) Vierh in phenanthrene and pyrene contaminated sediments[J]. Marine Pollution Bulletin, 2016, 110(1): 112-118.

[299] GABRIELE I, RACE M, PAPIRIO S, et al. Phytoremediation of pyrene-contaminated soils: A critical review of the key factors affecting the fate of pyrene[J]. Journal of Environmental Management, 2021, 293(6): 112805.

[300] YE J, YIN H, PENG H, et al. Pyrene removal and transformation by joint application of alfalfa and exogenous microorganisms and their influence on soil microbial community[J]. Ecotoxicology Environmental Safety, 2014.

[301] 汤贝贝, 张振华, 卢信, 等. 养殖废水中抗生素的植物修复研究进展[J]. 江苏农业学报, 2017, 33(1).

[302] DONI S, MACCI C, PERUZZI E, et al. In situ phytoremediation of a soil historically contaminated by metals, hydrocarbons and polychlorobiphenyls[J]. Journal of Environmental Monitoring, 2012, 14(5): 1383-1390.

[303] SUSARLA S, MEDINA V F, MCCUTCHEON S C. Phytoremediation: An ecological solution to organic chemical contamination[J]. Ecological Engineering, 2002, 18(5): 647-658.

[304] 金学锋. 微生物修复有机污染土壤的研究进展[J]. 皮革制作与环保科技, 2022, 3(14): 104-106.

[305] 王利平. 石油污染土壤的微生物修复技术研究[J]. 陕西农业科学, 2022, 68(10): 97-100.

[306] MURUGAN K, VASUDEVAN N. Intracellular toxicity exerted by PCBs and role of VBNC bacterial strains in biodegradation[J]. Ecotoxicology and Environmental Safety, 2018, 157: 40-60.

[307] YE Z, LI H, JIA Y, et al. Supplementing resuscitation-promoting factor (Rpf) enhanced biodegradation of polychlorinated biphenyls (PCBs) by Rhodococcus biphenylivorans strain TG9(T)[J]. Environmental pollution, 2020, 263(Pt A): 114488.

[308] 郭冀峰, 程凯, 李靖, 李泽恩. 多氯联苯污染土壤的微生物修复技术研究进展[J]. 安全与环境学报, 2022.

[309] 徐希辉, 刘晓伟, 蒋建东. 微生物菌群强化修复有机污染物污染环境:现状与挑战[J]. 南京农业大学学报, 2020, 43(1): 10-17.

[310] MCCARTY N S, LEDESMA-AMARO R. Synthetic Biology Tools to Engineer Microbial Communities for Biotechnology[J]. Trends in Biotechnology, 2018, 37(2): PP 181-197.

[311] 刘军, 刘春生, 纪洋, 等. 土壤动物修复技术作用的机理及展望[J]. 山东农业大学学报(自然科学版), 2009, 40(02): 313-316.

[312] 王丙磊, 王冲, 刘萌丽. 蚯蚓对土壤-植物系统生态修复作用研究进展[J]. 应用生态学报, 2021, 32(06): 2259-2266.

[313] BARAJAS-GUZMáN G, ALVAREZ-SáNCHEZ J. The relationships between litter fauna and rates of litter decomposition in a tropical rain forest[J]. Applied Soil Ecology, 2003, 24(1): 91-100.

[314] 孙振钧. 两项蚯蚓研究新成果:蚯蚓抗菌肽的研究和蚯蚓生物反应器的研制[J]. 中国农业大学学报, 2005, (05): 26.

[315] 潘政, 郝月崎, 赵丽霞, 等. 蚯蚓在有机污染土壤生物修复中的作用机理与应用[J]. 生态学杂志, 2020, 39(09): 3108-3117.

[316] 包木太, 彭杰, 陈庆国. 微生物对聚丙烯酰胺降解作用的研究进展[J]. 化工进展, 2011, 30(09): 2080-2086.

[317] 井永苹. 土壤动物（线虫、蚯蚓）对污染土壤多环芳烃去除的影响[D]. 南京农业大学, 2011.

[318] 徐慧婷, 张炜文, 沈旭阳, 等. 重金属污染土壤原位化学固定修复研究进展[J]. 湖北农业科学, 2019, 58(01): 10-14.

[319] QIN X, LIU Y, HUANG Q, et al. In-Situ Remediation of Cadmium and Atrazine Contaminated Acid Red Soil of South China Using Sepiolite and Biochar[J]. Bulletin of Environmental Contamination and Toxicology, 2019, 102(1): 128-133.

[320] 李雪婷, 黄显怀, 周超, 等. 改性黏土矿物修复重金属污染底泥的稳定化试验研究[J]. 环境工程, 2015, 33(09): 158-163.

[321] LI C, SONG B, CHEN Z, et al. Immobilization of heavy metals in ceramsite prepared using contaminated soils: Effectiveness and potential mechanisms[J]. Chemosphere, 2023, 310: 136846.

[322] YE X, KANG S, WANG H, et al. Modified natural diatomite and its enhanced immobilization of lead, copper and cadmium in simulated contaminated soils[J]. Journal of Hazardous Materials, 2015, 289: 210-218.

[323] VASAREVIČIUS S, DANILA V, PALIULIS D. Application of Stabilized Nano Zero Valent Iron Particles for Immobilization of Available Cd^{2+}, Cu^{2+}, Ni^{2+}, and Pb^{2+} Ions in Soil[J]. International Journal of Environmental Research, 2019, 13(3): 465-474.

[324] 詹良通, 丁兆华, 谢世平, 等. 竖向阻隔墙中土工复合膨润土防水毯搭接区渗透系数测试与分析[J]. 岩土力学, 2021, 42(09): 2387-2394+2404.

[325] XUE Q, LI J-S, LIU L. Experimental study on anti-seepage grout made of leachate contaminated clay in landfill[J]. Applied Clay Science, 2013, 80-81: 438-442.

[326] 向甲甲. 水泥土阻隔墙阻控地下水污染[J]. 环境工程, 2021, 39(09): 63-68+91.

[327] 魏明昊. 重金属污染下土—膨润土隔离墙阻隔性能研究[D]. 安徽建筑大学, 2021.

[328] 丛鑫, 王宇, 李瑶, 等. 基于膨润土系阻隔屏障的地下水有机污染修复研究进展[J]. 环境污染与防治, 2022, 44(10): 1380-1385+1391.

[329] 韩磊, 陈建生, 陈亮. 帷幕灌浆扩散半径及数值模拟的研究[J]. 岩土力学, 2012, 33(07): 2235-2240.

[330] DIVYA P V, VISWANADHAM B V S, GOURC J P. Influence of geomembrane on the deformation behaviour of clay-based landfill covers[J]. Geotextiles and Geomembranes, 2012, 34: 158-171.

[331] 谢云峰, 曹云者, 张大定, 等. 污染场地环境风险的工程控制技术及其应用[J]. 环境工程技术学报, 2012, 2(01): 51-59.

[332] 刘磊. U 型组合钢板桩抗弯性能试验研究[D]. 华南理工大学, 2019.

[333] 甄胜利, 霍成立, 贺真, 等. 垂直阻隔技术的应用与对比研究[J]. 环境卫生工程, 2017, 25(01): 51-56.

[334] 龚锐, 叶长文, 程蓉, 等. 改性土-膨润土阻隔墙阻控离子型稀土矿氨氮污染[J]. 环境工程学报, 2020, 14(05): 1394-1403.

[335] LIAO B, LI Y, GUAN Y, et al. Insight into barrier mechanism of fly ash-bentonite blocking wall for lead pollution in groundwater[J]. Journal of Hydrology, 2020, 590.

[336] 连会青, 武强. 大亚湾废物处置场中工程地球化学屏障的研究[J]. 中国矿业大学学报, 2004, (05): 73-78.

[337] YANG Z, ZHANG X, JIANG Z, et al. Reductive materials for remediation of hexavalent chromium contaminated soil - A review[J]. Science of the Total Environment, 2021, 773: 145654.

[338] 王晶, 谢作明, 王佳, 等. 硫介导细菌还原载砷铁矿对砷迁移转化的影响[J]. 地球科学, 2021, 46(02): 642-651.

[339] SHAH V, LUXTON T P, WALKER V K, et al. Fate and impact of zero-valent copper nanoparticles on geographically-distinct soils[J]. Science of the Total Environment, 2016, 573: 661-670.

[340] DONG Y, SANFORD R A, BOYANOV M I, et al. Controls on Iron Reduction and Biomineralization over Broad Environmental Conditions as Suggested by the Firmicutes Orenia metallireducens Strain Z6[J]. Environmental Science & Technology, 2020, 54(16): 10128-10140.

[341] XIE X, WANG Y, SU C, et al. Arsenic mobilization in shallow aquifers of Datong Basin: Hydrochemical and mineralogical evidences[J]. Journal of Geochemical Exploration, 2008, 98(3): 107-115.

[342] 李平, 谭添, 刘韩, 等. 地下水微生物功能群及生物地球化学循环[J]. 微生物学报, 2021, 61(06):

1598-1609.

[343] QIAO W, GUO H, HE C, et al. Molecular Evidence of Arsenic Mobility Linked to Biodegradable Organic Matter[J]. Environmental Science & Technology, 2020, 54(12): 7280-7290.

[344] 雒晨, 李杰, 王亚娥. 地球化学中 2、3 价铁离子的生物转化现状和发展[J]. 广东化工, 2016, 43(05): 103-104.

[345] 姜婧. 土壤重金属污染及植物修复技术[J]. 农村实用技术, 2020, (02): 178-179.

[346] 王亚, 冯发运, 葛静, 等. 植物根系分泌物对土壤污染修复的作用及影响机理[J]. 生态学报, 2022, (03): 1-14.

[347] 卢光华, 岳昌盛, 彭犇, 等. 汞污染土壤修复技术的研究进展[J]. 工程科学学报, 2017, 39(01): 1-12.

[348] 李瑞娟, 董雨滔, 张帅. 黑麦草修复土壤铅污染研究进展[J]. 农业工程, 2019, 9(01): 44-46.

[349] 张浩, 张凌云, 王济, 等. 3 种禾本科植物耐铅性及富集特征比较[J]. 贵州师范大学学报(自然科学版), 2019, 37(06): 29-33+46.

[350] 杨晓琼. 单纯植物修复重金属铬（Cr）污染土壤的研究进展[J]. 种子科技, 2017, 35(05): 113+116.

[351] 陈同斌, 韦朝阳, 黄泽春, 等. 砷超富集植物蜈蚣草及其对砷的富集特征[J]. 科学通报, 2002, (03): 207-210.

[352] 刘伟, 汪华安, 尚浩冉, 等. 有机污染场地原位电法热脱附修复技术综述[C]//《环境工程》2018 年全国学术年会, 中国北京, 2018: 746-750.

[353] 李雪娇, 李涛, 秦志阳, 等. 利用植物互作优势修复重金属污染土壤的研究与应用[C]//中国环境科学学会 2022 年科学技术年会——环境工程技术创新与应用分会场论文集（一）, 中国江西南昌, 2022: 362-371+392.

[354] TANG Y, HE J, YU X, et al. Intercropping with Solanum nigrum and Solanum photeinocarpum from Two Ecoclimatic Regions Promotes Growth and Reduces Cadmium Uptake of Eggplant Seedlings[J]. Pedosphere, 2017, 27(3): 638-644.

[355] VERGARA CID C, PIGNATA M L, RODRIGUEZ J H. Effects of co-cropping on soybean growth and stress response in lead-polluted soils[J]. Chemosphere, 2020, 246: 125833.

[356] 熊璨, 唐浩, 黄沈发, 等. 重金属污染土壤植物修复强化技术研究进展[J]. 环境科学与技术, 2012, 35(S1): 185-193+208.

[357] 徐金玉, 王伟伟, 王惠, 等. 铜污染土壤的生物修复研究进展[J]. 生物工程学报, 2020, 36(3): 10.

[358] ALBARRACÍN V H, AMOROSO M J, BATE C M. Isolation and characterization of indigenous copper-resistant actinomycete strains[J]. Geochemistry, 2005, 65(S1): 609-643.

[359] CAYOL J-L, OLLIVIER B, ALAZARD D, et al. The Extreme Conditions of Life on the Planet and Exobiology[J]. Environmental Microbiology: Fundamentals and Applications. 2015: 353-394.

[360] 顾维, 高连东. 我国工业污染场地土壤与地下水重金属修复技术综述[J]. 世界有色金属, 2020: 1-2.

[361] 高国龙, 蒋建国, 李梦露. 有机物污染土壤热脱附技术研究与应用[J]. 环境工程, 2012, 30(01): 128-131.

[362] 赵越, 姚俊, 王天齐. 碳酸盐矿化菌的筛选与其吸附和矿化 Cd^{2+} 的特性[J]. 中国环境科学, 2016, 36(12): 3800-3806.

[363] WU Q Q, DAI Q W, HAN L B. Study on strontium mineralization by thiobacilus denitrificans for remediation[J]. Acta Geologica Sinica-english Edition, 2017, 91: 291-292.

[364] 陈明, 刘晓端, 王蕊. 发扬地学学科优势,形成具有国土资源部门特色的土壤修复理论与技术体系[J]. 地质通报, 2016, 35(8): 1217–1222.

[365] 生贺, 于锦秋, 刘登峰, 等. 乳化植物油强化地下水中 Cr(VI)的生物地球化学还原研究[J]. 中国环境科学, 2015, 35(06): 1693-1699.

[366] 姜琦, 关佳佳, 姜彬慧. 微生物在重金属污染土壤修复中的作用[C]//中国环境科学学会 2022 年科学技术年会论文集, 2022.

[367] 章绍康, 弓晓璐, 易佳璐, 等. 多种强化技术联合植物修复重金属污染土壤机制探讨[J]. 江苏农业科学, 2019, 47(14): 1-6.

[368] AZCON R, PERALVAREZ MDEL C, ROLDAN A, et al. Arbuscular mycorrhizal fungi, Bacillus cereus, and Candida parapsilosis from a multicontaminated soil alleviate metal toxicity in plants[J]. Microbial Ecology, 2010, 59(4): 668-677.

[369] 朱静. 土壤和水中重金属污染的研究概况及对策[J]. 保山学院学报, 2021, 40(02): 43-48.

[370] 刘钊钊, 黄沈发, 唐浩. 蚯蚓活动对汞污染土壤植物修复效果的影响[J]. 环境污染与防治, 2018, 40(08): 866-869+874.

[371] 徐艳, 邓富玲. 土壤动物在土壤污染修复中的应用[J]. 现代农业科技, 2018, (23): 192-192+197.

[372] CHEN Z, HU S. Heavy metals distribution and their bioavailability in earthworm assistant sludge treatment wetland[J]. Journal of Hazardous Materials, 2019, 366: 615-623.

[373] UDOVIC M, LESTAN D. Redistribution of residual Pb, Zn, and Cd in soil remediated with EDTA leaching and exposed to earthworms (Eisenia fetida)[J]. Environmental Technology, 2010, 31(6): 655-669.

[374] BECQUER T, DAI J, QUANTIN C, et al. Sources of bioavailable trace metals for earthworms from a Zn-, Pb- and Cd-contaminated soil[J]. Soil Biology and Biochemistry, 2005, 37(8): 1564-1568.

[375] 李柱, 丁莹, 柯欣, 等. 小型节肢动物在重金属污染土壤超积累植物修复中的作用研究[C]//2019 年中国土壤学会土壤环境专业委员会、土壤化学专业委员会联合学术研讨会, 中国重庆, 2019: 79.

作 者 简 介

李　辉　国家杰出青年科学基金获得者、国家重点研发计划首席科学家。长期从事场地土壤和地下水污染物环境行为、生态毒理、健康风险和修复机理及技术等多学科交叉研究。揭示多种新污染物暴露的生态毒理新机制及健康风险新规律，构建纳米零价铁与微生物耦合材料消减健康风险新技术，为新污染物的健康风险预警与防控提供科学依据。主持在研和完成国家重点研发计划重点专项项目、国家自然科学基金项目、国家环境基准研究专项课题、全国重点地区环境与健康专项课题等国家和省部级重点科研项目 20 余项；以第一或通讯作者发表高水平论文 100 余篇，获授权发明专利 20 余件。获得国家科技进步奖二等奖、中国石油与化学工业联合会技术发明奖一等奖、上海市技术发明奖一等奖、上海市科技进步奖一等奖和环境保护科学技术奖一等奖等科技奖励。曾入选上海市科技精英、教育部新世纪优秀人才、国家环境保护专业技术青年拔尖人才、上海市优秀技术带头人和上海市曙光学者等。兼任国家生态环境基准专家委员会委员、中华环保联合会水环境治理专业委员会副主任、上海市科创启明星协会副理事长、教育部有机复合污染控制工程重点实验室学术委员、上海市环境岩土工程技术中心委员会副主任、上海市土木工程学会土壤治理专业委员会副主任、上海市化学品公共安全工程技术中心委员、上海市污染场地修复工程技术中心委员、上海市环境保护建设用地污染风险防控与修复技术中心委员等。

王文兵 副研究员，硕士生导师，任职于上海大学环境与化学工程学院。长期从事土壤地下水污染修复和数值模拟研究。在 *Water Research*、*Journal of Hazardous Materials* 等期刊发表论文 30 余篇，SCI 收录 20 余篇，获授权专利 5 件；近三年主持国家自然科学基金项目和国家重点研发计划项目等 3 项，获上海市"超级博士后日常资助项目"，参与 2020 年度上海市"青年科技启明星"计划；担任 *Eco-Environment & Health*（*EEH*）青年编委。

相明辉 研究员，博士生导师，任职于上海大学环境与化学工程学院。长期从事土壤和地下水有机污染修复技术相关领域研究。迄今已主持国家自然科学基金、国家科技重大专项子课题、国家重点研发计划子课题等科研项目 10 余项，以第一作者/通讯作者发表论文 20 余篇，申请/获授权发明专利 10 余件。

黄渊 副研究员，上海大学环境与化学工程学院副院长。主要研究环境污染物低碳分离新方法，发现了旋流场中颗粒自公转耦合运动诱导微界面振荡进而强化分离传递原理，开发了多种新型旋流分离强化技术和装备。《应用化工》青年编委，中国化工学会化工机械专业委员会第九届委员会委员，过滤与分离专业委员会第二届委员会青年委员。

王晨 上海大学环境与化学工程学院助理研究员，上海市"超级博士后"激励计划获得者，国家自然科学基金项目评审专家，担任 *Eco-Environment & Health* 期刊青年编委。长期从事新污染物生态毒理及环境健康风险机制研究，主持国家自然科学基金青年基金项目、中国博士后科学基金项目，参与国家杰出青年科学基金项目、科技部及上海市科研项目 10 项。共计发表 SCI 收录论文 30 余篇，申请/获授权发明专利 2 件，参编专著 1 部。